可以何必異正常

方法論 100 關鍵詞

陳智凱 ✕ 邱詠婷

當定義正常的同時,其實異常也被定義。
科學就是異常對於正常及其衍生增殖的逐漸失去信心!

東華書局

陳智凱教授　國立台北教育大學文化創意產業經營學系所教授

國立台灣大學國際企業學博士，曾任行政院院長室諮議、中山醫學大學專任及台灣藝術大學等校兼任助理教授。出版《哄騙──精神分裂》等書籍廿餘冊，SSCI 等國內外期刊、報章評論及政策文稿四百餘篇。編譯《認識商業》乙書獲選中國百大經濟學書單，著作《後現代哄騙》乙書獲選國家圖書館 2015 年度重要選書。

邱詠婷教授　國立台北教育大學文化創意產業經營學系所副教授

國立台灣大學建築城鄉學博士，美國加州柏克萊大學建築與都市景觀學士碩士 MArch，曾任國立台北教育大學通識中心主任，實踐大學專任及台北醫學大學、中原大學等校兼任助理教授。出版《空凍──空間的生與死》等書籍並獲國家圖書館 2014 年度重要選書。

目錄 CONTENTS

序文 PREFACE　　VIII

01　方法論
　　methodology　3
02　典範
　　paradigm　5
03　常態性科學
　　normal science　7
04　革命性科學
　　revolutionary science　9
05　發現的脈絡
　　context of discovery　11
06　證成的脈絡
　　context of justification　13
07　解釋
　　explanation　15
08　或然性解釋
　　probabilistic explanation　17
09　演繹性解釋
　　deductive explanation　19
10　預測
　　prediction　21
11　理解
　　understanding　23
12　科學哲學
　　scientific philosophy　25
13　問題意識
　　problematic　27
14　不確定性
　　uncertainty　29

15　否證
　　falsificationism　31
16　主觀互證
　　intersubjectivity　33
17　反身性
　　reflexivity　35
18　推論
　　inference　37
19　邏輯
　　logic　39
20　套套邏輯
　　tautology　41
21　歸納
　　inductive　43
22　演繹
　　deductive　45
23　理論
　　theory　47
24　模型
　　model　49
25　具體化謬誤
　　fallacy of reification　51
26　分析單位
　　unit of analysis　53
27　生態謬誤
　　ecological fallacy　55
28　原子謬誤
　　atomistic fallacy　57

29	次級資料 secondary data 59	43	概念 concept 87
30	母體 population 61	44	概念型定義 conceptual definition 89
31	樣本 sample 63	45	操作型定義 operational definition 91
32	抽樣 sampling 65	46	變數 variable 93
33	統計量 statistic 67	47	自變數 independent variable 95
34	標準差 standard deviation 69	48	依變數 dependent variable 97
35	標準誤 standard error 71	49	中介變數 mediator 99
36	標準分數 standard score 73	50	內生性 endogeneity 101
37	自由度 degree of freedom, df 75	51	外生性 exogeneity 103
38	不偏性 unbiasedness 77	52	隨機變數 random variable 105
39	虛無假說 null hypothesis 79	53	構念 construct 107
40	型一錯誤 Type I error 81	54	衡量 measurement 109
41	型二錯誤 Type II error 83	55	衡量誤差 measurement errors 111
42	顯著水準 level of significance 85	56	系統誤差 systematic errors 113

57 隨機誤差
random errors 115
58 預測誤差
prediction errors 117
59 問卷
questionnaire 119
60 李克特量表
Likert scale 121
61 效度
validity 123
62 信度
reliability 125
63 偏誤
bias 127
64 連續變數
continuous variable 129
65 不連續變數
discrete variable 131
66 名目尺度
nominal scale 133
67 順序尺度
ordinal scale 135
68 等距尺度
interval scale 137
69 等比尺度
ratio scale 139
70 指數
index 141

71 指標
indicator 143
72 假設
assumption 145
73 假說
hypothesis 147
74 命題
proposition 149
75 概念架構
conceptual framework 151
76 量化研究
quantitative research 153
77 質化研究
qualitative research 155
78 橫斷面分析
cross-section analysis 157
79 縱斷面分析
longitudinal analysis 159
80 探索性研究
exploratory study 161
81 驗證性研究
confirmatory study 163
82 個案研究
case study 165
83 相關分析
relation analysis 167
84 典型相關
canonical analysis 169

85 卡方檢定
chi-square test χ^2　171
86 t 檢定
t-test　173
87 變異數分析
analysis of variance,
ANOVA　175
88 迴歸
regression　177
89 路徑分析
path analysis　179
90 因素分析
factor analysis　181
91 集群分析
cluster analysis　183
92 多維尺度分析
multidimentional scale　185
93 時間序列
time series　187

94 結構方程模式
structural equation modeling,
SEM　189
95 階層線性模式
hierarchical linear modeling,
HLM　191
96 內容分析
content analysis　193
97 深度訪談
in-depth interviewing　195
98 交叉驗證
triangulation　197
99 IMRD
introduction, method, results,
discussion　199
100 科學
science　201

延伸閱讀　202

目錄　VII

序文 PREFACE

異常的逆襲

　　面對科學的最佳態度，就是對於信仰的不信仰，對於不信仰的信仰。這種在邏輯上懷抱對反的立場，可以對於不確定性保持正確觀念，也就是將理論視為只是暫時而非教條。當反對的科學證據充分，理論都將隨之被否定，這就是科學的核心價值──否證。如同書名《可以異常，何必正常》，在社會科學研究中，事實上很難獲得一個普遍化法則，也就是〈凡有規則，必有例外〉，當定義正常的同時，其實異常也被定義。直白的說，科學就是異常對於正常及其衍生增殖逐漸失去信心。

　　縱觀整個科學發展史，科學發展並非始終建立在一個穩固的基礎，而是如同政變一樣可能隨時發生科學革命。當舊的典範預測能力遭到質疑，不同於舊的典範的假說和方法就會逐漸興起，新的典範會被逐漸嘗試，就算失敗也正宣告即將擺脫舊的典範，於是在歷經系列的異常挑戰之後，新的典範會逐漸取代舊的典範，就是所謂的新舊典範移轉。質言之，科學如果一直採取拒絕異常的態度，只有正常的科學是不可能產生任何創新。

　　儘管如此，我們宣告除了科學，其他一概不信！弔詭的是，當深入辯證什麼是方法論？反身性？主觀互證？生態謬誤？不確定性？原本應該充滿啟發的科學知識，突然又成了一團科學迷霧。儘管隱約認知問題意識與概念架構之間有某種關係；也知道《科學革命的結構》是孔恩對於科學歷史辯證的重要著作；聽過概念、構念、假設、假說與命題等科學用語。但是真要清晰解釋這些概念時，複雜化始終比簡單化容易多了，總是在經過一番套套邏輯之後，還是說了等於沒說！

事實上,坊間出版的方法論與研究方法眾多,有的過於龐雜,有的又過於簡略,有的偏重於科學驗證,有的又偏重於哲學辯證,總是缺乏一個既簡又繁,既少又多的超越文本。有鑑於此,本書整合了國內外相關方法論著作,提出一百條不應忽略的關鍵詞,以直指核心的簡明論述,釐清既有概念並反思其關係脈絡。無論如何,簡單化終究比複雜化困難多了,儘管本書的嘗試仍有極大想像空間,但是當陷溺於方法論的特定詞語深淵時,這本片段式筆記或可提供些許救贖。

2018.6.6

科學途徑

01 方法論
methodology

研究方法的理論

一個用來評估知識的明確規則體系，藉以決定是否支持或反對，這個體系並非毫無謬誤或不能修正，而是不斷地在改進。科學研究藉由不斷地尋找新的觀察分析與邏輯推理方法，當這些發現與科學方法假設一致，就會被納入科學方法論的規則體系之中，整個科學領域就是一個自我修正過程。質言之，科學並不希望全盤交付信任於命題，任何命題必須能被邏輯接受，並且可以被證據所支持，驗證過程必要採取可行的推理，並且被謹慎地衡量與檢定。易言之，科學不想訴諸於具有最終陳述的特定權威之下。科學並不主張絕對的正確，而是強調透過發展與檢定假說，以求得經過確證的科學結論。研究規則本身會在反思過程中不斷被發現與修正，經由這樣持續性的反身過程，不斷地指出錯誤並且加以更正。總的來說，社會科學方法論的演進過程，是不斷地交換觀念與資訊來進行批判，期能更完備這套可以被普遍接受的規則系統，從而建立相對應的技術和方法。這套系統就是科學方法論的遊戲規則，藉此促進科學社群的溝通、建設性批判與科學進展。

沙皇鈴

02 / 典範
paradigm

不同歷史階段的主流理論

一項具有示範性的科學成果,並且已經獲得特定科學社群(scientific community)的普遍承認,可以提供作為科學實踐共同接受的法則、理論、模型與工具方法。這項科學成果具有充分的開放性,揭示未來潛在的問題給後進者解決。不同學門經常具有不同思想派別,其背後正由不同典範支配。質言之,科學發展不是建立在一個穩固的基礎,而是如同政變一樣的可能發生科學革命。當舊的典範預測力遭到質疑,不同於舊的典範的假說和方法就會逐漸興起,於是新的典範逐漸被嘗試,就算失敗也正宣告即將擺脫舊的典範,在歷經百家爭鳴的非常科學(extraordinary science)階段之後,新的典範逐漸被普遍接受並且取代舊的典範,這樣的科學發展過程稱為科學革命(scientific revolution),而新舊典範的轉變過程,稱為典範轉移(paradigms-shift)。總的來說,科學並不是一個統一的穩定結構,如果科學是統一的,也只統一在同一個典範之下,而不是統一在同一個科學方法之下,也就是不同的典範經常強調不同的科學方法。

和平標誌

03　常態性科學
normal science

對主流理論或典範所作的例行性驗證

堅守過去科學成果為基礎的研究，這些成果已經獲得特定科學社群的普遍承認，儘管目前很少以最初形式出現，但是提供了科學實踐中被共同接受的法則、理論、模型與工具方法，界定了未來需要何種研究問題、假說與研究方法。這項成果具有兩項特質，已經成功吸引了特定科學社群的支持，研究成果具有開放性且揭示了潛在問題給後進者解決。專業科學社群經常系出相同的科學訓練、學習相同概念與方法論。基於相同研究規則和標準，這種認同及其產生的共識，形成了常態性科學的基本要件，也就是一個特殊研究的起源與延續。總的來說，常態性科學社群旨在支持與保衛已經建立的成果，儘管不必然會阻礙後續科學進展。不過，常態性科學的自我延續特性，可能會限制後續的改變與創新。

革命拳頭

04　革命性科學
revolutionary science

相對於常態性科學的新典範發展

新舊典範的轉移就是革命，它會逐漸被科學社群所接受。任何一個主流典範被放棄，最初都是從驗證這個典範開始。當典範的不一致性或稱異例（anomalies）隨著持續地解謎，變得越來越明顯。新舊典範的支持者就會產生衝突。最終科學社群接受了新的典範，並且回到典型的常態性科學活動中。在新舊典範轉移的過程中，科學社群經常會出現不確定性與分裂，過程中顯著的特性包括，隨意的研究與偶然的發現，這些都將影響革命性典範的發展成形。事實上，科學性革命（scientific revolution）極為罕見，常態性科學才是例行。常態性科學無法立即推翻主流典範，也無法立即感受到典範的異例。易言之，即使主流典範的不一致存在許久，它仍會維持一段相當長時間的主導地位。

紐約哥倫布圓環

05　發現的脈絡
context of discovery

科學發現沒有規則或邏輯可言

科學發現的歷程與稟賦或靈感有關,屬於偶然性未知的心理歷程,沒有邏輯或模式可言,應該屬於心理學領域,而非科學哲學或知識論議題。儘管科學方法可以促使科學發現更為順暢,但是科學發現仍然不受其拘束。特別是在探索的初始階段,沒有任何普遍化準則可以參考。相較之下,洞察與想像似乎更為重要,不過它們仍然無法被萃取成為規則。

規則可循

12　可以異常何必正常

06　證成的脈絡
context of justification

科學發現有邏輯或模式可循

科學發現的歷程與邏輯及經驗有關,無論洞察與想像扮演何種重要角色,科學發現確實有邏輯或模式可循。科學方法邏輯化了科學知識與發現,並且提供了一個可定義、有系統,可以連結思考初始與終結的思考路徑。因此,證成的脈絡不是一個事實的問題,而是一個篤定發生的邏輯的問題。

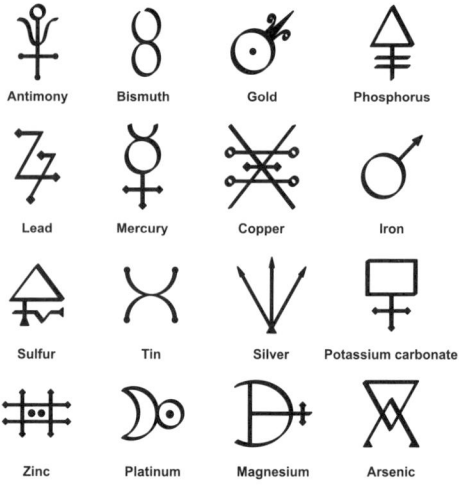

煉金術符號

07 解釋
explanation

利用通則來說明已知

預測的反向過程,透過普遍性法則(general laws)來分析所要說明的現象及其關係,普遍性法則提供一個利於解釋的架構,解釋可以分為演繹性解釋與或然性解釋。演繹性解釋是指,一個現象的解釋是依據已被廣為接受的普遍性法則推論而來。凡是前提必然會引起結論,也就是前提若真,結論也必定是真,反之亦然。至於或然性解釋,不是從一個既定的普遍性法則推論而來,因為社會科學很少有一個普遍性法則。因此,多半只能以或然率方式表現,無法推論出明確的結論。

每天都是第二次機會

08 或然性解釋
probabilistic explanation

不存在普遍性法則的解釋

現象並非都是基於普遍性法則來解釋,特別是在社會科學領域,因為社會科學很少存在普遍性法則。例如,在經濟困境之下政府經常會增加支出,這是由過去經驗顯示兩者之間的緊密關係。但是這種關係卻無法成為一個普遍性法則,因為並不是每一次經濟困境,都會導致政府必然地增加支出,至多只能推測在經濟困境之下,政府增加支出的可能性較大,這樣的解釋就是或然性解釋,或稱為歸納性解釋(inductive explanation),也就是解釋是由或然性的通則中獲得,通則經常是以比例(X 導致 Y 的百分比)或趨勢(X 可能誘發 Y)方式來表達。

無重力太空人

09 演繹性解釋
deductive explanation

存在普遍性法則的解釋

現象可以透過普遍性法則來解釋,例如,丟向空中的物體會再落地,這是基於重力法則來解釋,因為該項法則指出,如果所有物體具有相互吸引力,則任何物體相對於地球也有相互吸引力。因此,演繹性解釋的過程就是,前提必然會導出結論,這是一種非常強大的科學解釋工具,也就是若前提為真,其結論必定為真。反之,若前提非真,其結論也將非真。例如,民選的官員將會尋求連任(錯誤的前提),契訶夫是一位民選的官員,所以他將尋求連任(錯誤的結論)。

政府收支

10 預測
prediction

利用通則來說明未知

解釋的反向過程,是對於不確定性事件的陳述,它與解釋及理解是構成科學知識的重要基礎。正確的預測能力是科學的重要特徵,科學知識可以提高正確的預測,它是建立在一個普遍性法則或是或然性通則的基礎。普遍性法則如同,當理解二乘以九等於十八,就能預測兩盒各九個物件的總數。或然性通則如同,當理解經濟衰退將會導致政府提高支出,就能預測面對經濟衰退時政府可能提高支出。總的來說,如果比較解釋與預測,預測就是解釋的反向過程,也就是預測是運用通則來說明未知,而解釋則是運用通則來說明已知。無論如何,若以普遍性原則或以或然性通則來進行預測,在特定狀況存在下,特定結果將會接踵而至。

火星男人，金星女人

11 / 理解
understanding

不是經由解釋就是經由詮釋

存在兩種極端辯證——互斥與互補。理解的互斥觀點強調,由於自然科學與社會科學存有根本的差異,兩者的理解路徑明顯不同,也就是對於自然科學的理解是經由解釋(explanation);而對於社會科學的理解不是經由解釋,而是透過詮釋(hermeneutics)。所謂詮釋的理解是指,自然科學可以根據定律等普遍性概念去解釋或演繹,但是這種概念無法被用來理解社會科學。例如,文學、哲學或建築藝術。至於理解的互補觀點主張,社會科學也能像自然科學一樣獲得客觀的知識,兩種科學方法論可以互用,雖然彼此之間存在差異,但是可以視為促進發現的互補途徑,只要再由經驗觀察驗證,就能整合進入科學知識系統。

無限

12 科學哲學
scientific philosophy

對於科學本身加以探究的學門

以科學本身為研究對象。若以自然現象為研究對象是自然科學,若以社會現象為研究對象是社會科學,而以科學探究上述現象本身也值得探究,也就是所謂的科學哲學。早期的科學哲學,以科學理論的邏輯結構及哲學意涵為主。二十世紀後期,孔恩的《科學革命的結構》一書對於科學哲學產生重大影響,改變過去聚焦於科學理論的靜態邏輯思考,轉而強調科學哲學不應該忽略歷史發展與社會脈絡,例如,科學社群互動的科學社會學(sociology of science)等議題。總的來說,科學哲學是哲學的一個獨特學門,它的核心議題包括:如何才能稱為科學、科學的可靠性和終極性、科學能否揭示無法觀察的事物真相、科學的推理能否被證明是合理。

心理意識

13 問題意識
problematic

問題本身的一套意識型態系統

問題本身所包含的知識論與道德觀,也就是問題本身的意識型態。知識論(epistemology),是知識基礎的研究,用來探討知識的定義、起源、性質與真偽,包括:知識是什麼?知識如何產生?知識能否反映客若觀現實?透過檢視及驗證一系列不證自明的前提、假說及其運作方式,藉此了解何以科學方法優於其他方法。道德論(ethics),是對於個人與他人及世界之間關係的系統性認識,包括:思考什麼是行為的好與壞?什麼是對與錯?什麼是聰明與愚蠢?如果缺乏上述認識如何導致混亂與衝突。問題意識源自於上述意識型態,讓人思考如何解決問題。質言之,不同的意識型態代表不同的認知與道德,同樣也帶來不同的思維邏輯和解決方法。掌握問題意識,只是了解如何界定問題本質及探究問題脈絡,也就是找出問題原因及其結果。在操作上,問題意識可以透過兩種工具體現:圖示(mapping),是指將問題的因果關係圖形化,在科學研究上,稱為〈研究架構〉或〈分析架構〉,也就是對於問題的認知圖示。等式(equationalization),是指可以數學方程式來呈現因果關係。

回家的路

14 不確定性
uncertainty

存在可能誤差或疑惑的狀態

沒有充足的知識來解釋當前或預測未來的狀態。不確定性是可能出現負面效應或損失的風險。在衡量上,不確定性可以根據所有可能的結果,依據機率密度函數來表現。在社會科學研究中,不確定性經常來自於現實的複雜性,儘管複雜性會使推論更不確定,但是並不會使推論更不科學。除了現實的複雜性之外,不確定性來源包括:資料有限性、工具有瑕疵、衡量不清晰,以及關係不確定等。不確定性不僅不該阻礙科學研究,反而科學推論可以因此獲得最大收益。無論如何,不管是質化方法或量化方法,都無法避免不確定性。量化的不確定性,可能是對於隨機取樣的一無所知。反之,質化的不確定性,可能是過度仰賴於一個不值信賴的個案。總的來說,不確定性是所有科學研究的重要面向,沒有評估不確定性的任何推論都不是科學。

黑天鵝

15 / 否證
falsificationism

允許邏輯上的反例存在

任何主張、理論、假說與命題,在邏輯上必須允許反例的存在,稱為可反證或可證偽。可否證不代表一個主張是假的,但是宗教和偽科學經常是不可否證的。質言之,如果一個主張是可否證的,代表至少存在一種可以觀察的方法,可以揭示這個主張未必全真。例如,〈所有天鵝都是白色的〉這個主張,必須可以被〈存在黑色天鵝〉這個觀察給否證,不管觀察是否真實發生,可否證的主張必須可以定義出它的反面。無論如何,任何理論都應該被清晰地陳述,並且讓人理解可能的錯誤,不會錯的理論不是理論,不正確的陳述比既不會錯誤也不正確的陳述要好。總的來說,由於否證允許在邏輯上存在反例,它能促使對於不確定性保持正確觀念,也就是將理論視為只是暫時而非教條。因為當反對理論的科學證據充分,理論就會隨時被否定。最後,否證的最大目的在於,試圖去界定理論或假說的適用邊界,一旦超越邊界,就更能擴展理論與假說的適用範圍。

"Hi, we've been working on the same project for eight years."

不同科學家,相同的方法

16 / 主觀互證
intersubjectivity

不同的研究者以相同方法獲得相同結果

在科學研究中,單獨只以邏輯推理,無法保證其客觀性,必須可以被不同的研究者重複觀察確認,也就是主觀互證是絕對必要。易言之,科學研究不限於特定的人或少數人,任何的首次觀察與驗證都不是主觀互證,因為任何的觀察都是由一個主體所為,唯有透過不同主體之間的溝通,才能使觀察結果獲得確信。總的來說,儘管客觀性是一種獨立與中性判斷,但是在科學驗證的過程中,主觀互證更勝於客觀性。因為主觀互證可以溝通,特別是在科學知識與方法論。如果一位研究者正進行的研究,也可以由另一位研究者複驗並且比較之間的差異。如果他們採取的方法論相同,在其他相關情境條件未變的情況下,可以預期研究結果應該非常類似。就算情境與條件可能改變,不同的研究者也有能力去了解及評估他人的方法論,並且重複進行類似的觀察及驗證結果。

追逐或停留

17 反身性
reflexivity

相互決定性

行動者的思想與所行動的事態,兩者不是完全獨立,不但相互作用,而且相互決定,又稱為反射性或反饋性。例如,人的行為受到人的認識所左右,但是人的認識並非是獨立出現的,而是受到客觀世界的影響,而客觀世界又與人的行為緊密關聯。因此,人的行為對於人的認識具有反身性。例如,總體金融市場一樣,投資者並非獨立於市場之外,投資者所做的決定會對總體市場產生影響,市場於是處在一個動態波動,所以投資者對於市場具有反身性。

從明亮已知進入黑暗未知

18 推論
inference

用已知去理解未知的過程

透過已蒐集到及觀察到的資料，以理論和假說為研究對象，來理解未被觀察到或未知事實的過程。推論可以分為兩類，描述推論與因果推論。描述推論是指，從已被觀察到的事實去了解未被觀察到的事實。因果推論是指，從已觀察到的資料去了解因果效應。

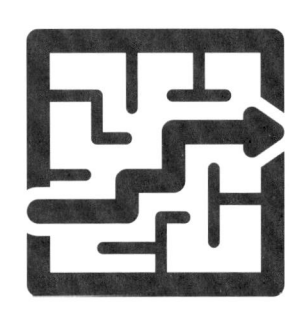

迷宮與出路

19 邏輯
logic

有效推理的思維系統

與經驗世界無關的普遍性正確陳述,一般以系列相關且相互支持的命題方式表現。邏輯是一種有效推論的哲學思維,又稱為理則或推理。邏輯可以分為兩類:演繹推理(deductive reasoning)和歸納推理(inductive reasoning)。演繹推理是指,從已知事實的前提可以必然地得出結論。如果前提為真,結論也必然為真,也就是結論不會超出前提所設定的範圍。至於歸納推理是指,從已知事實的前提可以預測出較高機率的結論,但是無法確保結論為真。如果前提為真,結論不必然為真,也就是結論通常會超出前提所設定的範圍。

川普在廁所裡的廢話

20 / 套套邏輯
tautology

換句話說以解釋自己

論述的正確性最終必須由自身來支持，又稱為循環解釋（circular explanation）或同義反覆，也就是將一件事換句話說以解釋自己。套套邏輯有時也包括：循環因果和循環定義。循環因果是指，事物的原因最終必須回到事物本身來解釋。例如，雞生蛋、蛋生雞，雖然答案始終未明，但也提供了雞與蛋循環的相生關係。循環定義是指，用來定義某詞語的詞語最終必須由詞語本身來定義，循環過程無法產生新知，例如，詞典經常會循環定義，以 B 定義 A，以 C 定義 B，繞了一圈又以 A 定義 B。如果對於 ABC 都一無所知，這種套套邏輯的內容完全空洞，沒有解釋能力，雖然不可能錯，但是說了等於沒說！儘管如此，套套邏輯也能產生重要概念，有時略加假設限制，可以成為有用的理論。例如，知名貨幣理論 $MV=PQ$，不過是從不同角度看待相同的貨幣數量，儘管定義中沒有解釋任何現象，但是假設約束之後，最終反而成了詮釋力強大的貨幣理論。

龍捲風大範圍收編

21 歸納
inductive

從特殊性到普遍性的推理過程

推理的結論和前提之間不存在必然性,只有或然性的聯繫,也就是從已知事實的前提可以預測出較高機率的結論,但是無法確保結論為真。如果前提為真,結論不必然為真,推理的結論通常會超出前提所設定的範圍,又稱為歸納推理(inductive reasoning)或歸納邏輯。儘管推理的過程可以包括:演繹推理與歸納推理,但是在科學推理的過程中,兩者彼此緊密相依互補。事實上,演繹推理的普遍性知識或說前提來源,多數來自於歸納推理的概括與總結。易言之,若無歸納推理就沒有演繹推理。另一方面,歸納推理也離不開演繹推理。歸納推理應用的概念及其範疇,都是其本身所無法解決與提供的,必須依賴過去積累的普遍化理論,它是屬於一種演繹推理過程。總的來說,只有單靠歸納推理並無法證明其必然性,歸納推理需要演繹推理對於特定前提或結論進行辯證,也就是沒有演繹推理,就不可能有歸納推理。

掉落的蘋果

22 / 演繹
deductive

從普遍性到特殊性的推理過程

推理的結論和前提之間存在必然性的聯繫,也就是結論不會超出前提所設定的範圍,又稱為演繹推理(deductive reasoning)或演繹邏輯。質言之,一個演繹推理只要前提為真並且推理形式正確,則其結論就必然為真。事實上,演繹推理與歸納推理,在科學推理的過程中,彼此緊密相依互補。演繹推理的普遍性知識或說前提來源,多數來自於歸納推理的概括與總結。易言之,若無歸納推理就沒有演繹推理。另一方面,歸納推理也離不開演繹推理。歸納推理應用的概念及其範疇,都是其本身所無法解決與提供的,必須依賴過去積累的普遍化理論,它是屬於一種演繹推理過程。總的來說,只有單靠歸納推理並無法證明其必然性,歸納推理需要演繹推理對於特定前提或結論進行辯證,也就是沒有演繹推理,就不可能有歸納推理。

演化論

23 / 理論
theory

詮釋經驗現象的一種概念化

透過相關概念組成的邏輯體系,演繹出可以被驗證的命題或假說,具有解釋和預測現象的目的。理論必須符合現存的證據,如果忽略了現存的證據,理論就是一種矛盾修辭。易言之,什麼證據可以證明當前錯誤?如果無法回答,也就是根本就沒有理論。理論應該被暴露在更多被攻擊與被否證的風險中,好的理論就是可以被明確陳述、可以被具體預測,特別是可以更容易被否證。無論如何,理論是普遍性的,但假說是特定性的,理論可以包含無限的假說,但是經驗檢驗只能針對有限的假說進行,也就是任何研究都無法去驗證一個理論的所有可能觀察意涵。因此,普遍性的理論並不存在,它會隨著不同的時空與條件產生變化。最後釐清一項錯誤觀念:理論不等於哲學。社會科學裡的哲學,特別強調道德哲學,它是在陳述價值的判斷,是指事物應該是如何(ought to be),由於無法進行經驗驗證,所以無所謂的真偽。理論不同於哲學,它是現實經驗的抽象化,關注經驗現象為何發生、如何發生,而非應該如何發生(should)。

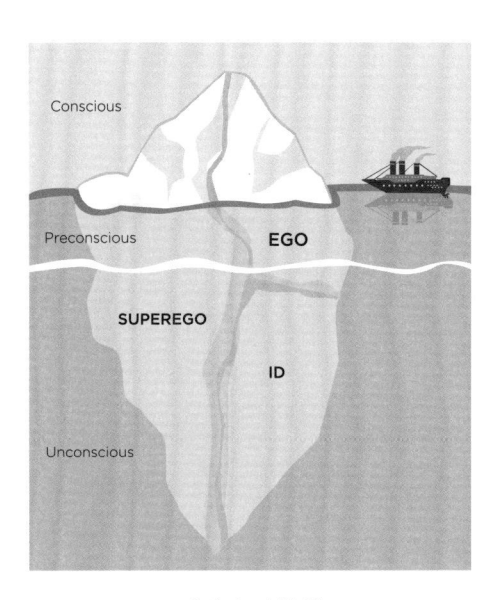

冰山心靈模型

24 模型
model

現實的近似化、抽象化與精簡化

對於現實的抽象化,也就是現實的展現、整理與簡化。模型可以視為是特定事物的近似體。在社會科學中,一般都是由符號或非實體所組成,表現出經驗現象的要素及要素之間的關係,也就是將相關概念邏輯化形成系統化結構。一般而言,模型可以分為限制性和非限制性兩種。限制性是指,模型是更清晰、更簡潔、更抽象,但也更不接近真實。至於非限制性則是,模型是更具體、更脈絡、更真實,但也更不清晰與更難以被準確估計。所有的模型都是介於限制性和非限制性之間。

房子裡的鬼

25 具體化謬誤
fallacy of reification

將抽象視為真實

屬於一種非形式謬誤,也就是將抽象的概念視為是真實存在的事物,於是產生了不合邏輯的辯證。非形式謬誤(informal fallacies)是指,在推理過程中犯了辯證結構以外的錯誤,常見的非形式謬誤包括:言詞謬誤,錯誤地使用或理解語言。實質謬誤,使用錯誤或有疑義的事實作為前提,或是預設了有疑義的隱藏前提,以及其他不合理的思路等。無論如何,非形式謬誤會使辯證缺乏說服力。唯有透過檢驗具體內容,才能確認謬誤的存在,這經常涉及對於現實的知識與理解。

美國總統川普

26 分析單位
unit of analysis

最基本的研究對象

不同研究議題與對象的選定,會影響其屬性範圍的描述及假說概念的結構,也會影響後續研究設計及資料蒐集與分析。例如,研究美國六次總統大選,分析單位可以是一種選舉制度、六次選舉或兩億選民,不同的分析單位指涉不同的變數與觀察值,因此分析單位的選定問題,又稱為定位問題(locus problem)。任何研究的分析單位選定,沒有任何的限制,不過一旦選定了分析單位,就必須與理論範圍及脈絡結構一致,否則不同的分析單位容易產生錯誤的類比,如以團體為分析單位,和以個人為分析單位,就會代表不同的觀察屬性,也會產生不同的概念意義。至於單位、變數與觀察值如何區別,例如,九個人的年收入,單位是人,變數是收入,觀察值是每個人的收入值。「變數代表觀察值在一組單位間的變化。」可以表示三者之間的關係。

黑樹林

27 / 生態謬誤
ecological fallacy

以全概偏

錯誤地使用總體資料來推論個體。易言之,直接從較複雜或較高層次的分析單位,推論到較簡單或較低層次的錯誤,又稱為區位謬誤或層次謬誤。不同於原子謬誤的以偏概全,生態謬誤是一種以全概偏。也就是以群體資料分析的結果,去推論個體特徵所產生的扭曲。這種謬誤經常是假設,群體中所有個體都是具有群體性質,因此,暈輪(stereotypes)也是一種生態謬誤。儘管如此,並非所有以群體資料來推論個體特徵都是錯誤,推論時特別留意,群體資料是否會將群內變異隱藏起來。

Olive tree

橄欖樹

28 原子謬誤
atomistic fallacy

以偏概全

錯誤地使用個體資料來推論總體。易言之,直接從較簡單或較低層次的分析單位,推論到較複雜或較高層次的錯誤。不同於生態謬誤的以全概偏,原子謬誤是一種以偏概全。也就是以個體資料分析的結果,去推論群體情況所產生的扭曲。它也是一種化約論(reductionism)或稱簡化論的謬誤,這種哲學思想認為,複雜的系統或現象可以通過將其化解為細部組合來加以理解。

SECOND HAND

第二手戳章

29 次級資料
secondary data

引用或推論已經解釋的資料

原始資料或稱一級資料的第二次或以上的使用。對於原始資料的第一次處理和解釋,仍然屬於一級資料範疇。但是對於引用已解釋的資料和再推論,則是屬於次級資料。總的來說,多重引用與解釋都可歸類為次級資料,這種資料的蒐集和處理,具有下列幾項特質:真實性,可以避免個人偏見與主觀臆測。及時性,可以快速反映目前最新趨勢變化。同質性,可以針對特定問題取得明確一致的定義、標準與衡量單位。完整性,相同的數據可以在時間軸上具有連續性。經濟性,資料的蒐集、處理與傳遞符合經濟效益。無論如何,在科學研究上,只有了解資料的來源與產生過程,才能進行有效的描述推論與因果推論。

ALCHEMICAL SYMBOLS

Antimony	Bismuth	Gold	Phosphorus
Lead	Mercury	Copper	Iron
Sulfur	Tin	Silver	Potassium carbonate
Zinc	Platinum	Magnesium	Arsenic

十二星座

30 母體
population

相關分析單位的整體集合

所有符合特定性質的資料的整體集合,由整體集合選出的子集合稱爲樣本（sample）,選取方式包括亂數或抽樣,可以據此對於整體集合進行推論。母體的大小可以依據研究的需要而定。例如,若要研究所有天鵝的共同特性,則母體是目前存在、曾經存在或未來可能存在的所有天鵝。然而,由於受到時間、空間與研究資源等因素限制,全部母體不可能完全被觀察,因此通常會從母體中選出樣本,再由樣本特性去理解母體特性。

GEMINI

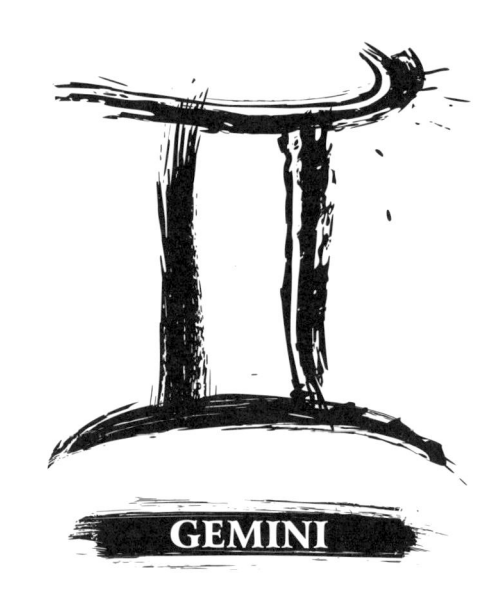

雙子座

31 樣本
sample

母體的任何子集合

從目標整體或稱母體（population）中抽取部分個體作為研究對象。這個抽取的結果稱為樣本，抽取的過程稱為抽樣（sampling）。這是一種推論統計方法，透過觀察樣本的特徵，藉此對於母體特徵進行推估，達到進一步對於母體的理解。

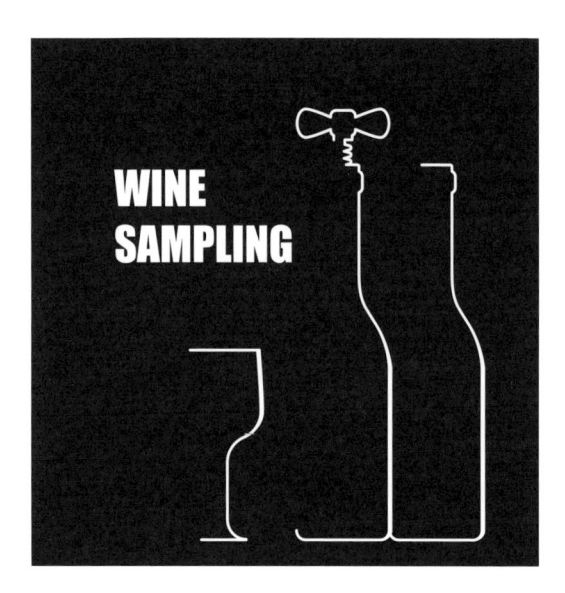

葡萄酒抽樣

32 / 抽樣
sampling

一種推論統計方法

從母體中抽取部分個體作為樣本,透過觀察樣本的特徵對於母體特徵進行推估。抽樣方法可以分為兩種:機率抽樣(probability sampling)與非機率抽樣(non-probability sampling)。機率抽樣是指母體中所有個體都有公平的機會被選中;非機率抽樣則是完全無法得知被選中的機會,因此,也無法對於抽樣誤差進行估計,也就是無法判定用樣本來推估,與母體會有多相近或是多不同。抽樣是社會科學研究的重要基礎,也是資料蒐集的重要策略。一般量化研究更強調與偏重採用機率抽樣,而質性研究的資料來源,則是經常來自於非機率抽樣。理論上,儘管機率抽樣比非機率抽樣更佳,但是偶爾在無法進行機率抽樣時,或是某些研究不為了推論母體或追求樣本代表性(representativeness),而是希望取得更豐富內涵,以及對研究更有幫助的樣本資料時,非機率抽樣反而更有必要性。

品酒

33 統計量
statistic

得自樣本的數值

用來衡量樣本特徵的數值,例如,樣本平均數。相對上,用來描述母體特徵的數值,稱為母數(parameter)或參數。質言之,統計量不同於參數,參數是指不便於統計的更大樣本,而統計量只是抽樣出來的資料,不過統計量可以用來推估參數。例如,計算整體數據的平均值,會將所有數據加總,然後除以個數。如果是計算樣本平均值,它就是一種統計量,該值可以用來推估整體數據的平均值。總體而言,統計量是一個可以觀察的隨機變數,相較之下,參數是包含了不可觀察的隨機變數,也就是參數必須是整體數據都能被觀察時才能計算,通常它必須經過一個完美的普查過程。

Sigma 符號

34　標準差
standard deviation

母體的變異量和離散程度

用來衡量一組數值的離散程度，數學符號為 σ（sigma）。依據機率統計的定義，標準差就是變異數的平方根，它是用來反映個體之間的離散程度。簡言之，標準差是一組數值自平均數離散開來的程度。較大的標準差，代表這組數值與平均數的差異較大；較小的標準差，代表這組數值較接近平均數。總的來說，平均數就是一組數值的中心，而標準差則是這組數值的離散程度。

S 符號

35 / 標準誤
standard error

樣本的變異量和離散程度

用來衡量樣本統計量的標準差，可以反映其抽樣分布的離散程度與抽樣誤差的大小，又稱為標準誤差、誤差幅度（error margin）或抽樣誤差（sampling error）。由於母體標準差的真正值經常無法得知，因此，標準誤經常被作為是此一未知值的估計值。不過，由於最大概似法和平均值信賴區間等策略相對更佳，因此更常用來取代標準誤。

Z 符號

36 標準分數
standard score

觀察值與平均數之間的距離

經過標準差調整後的距離,也就是將各觀察值減去母體平均值,再依照母體標準差分割成為不同差距,各觀察值在經過轉換之後的距離,經常處於正負5到6之間,又稱為Z值或標準化值。標準分數與統計Z值仍有差異,有時也會相互混淆,關鍵在於化約過程通稱標準化(standardizing)。質言之,Z值是基於母體平均值和標準差,而不是樣本平均值和標準誤,也就是需要了解母體統計資料。但是要了解母體真正標準差並不容易,除非全部母體已被測量。然而在多數情況下,幾乎不大可能,因此經常是採用隨機樣本來評估標準差。

自由

37 自由度
degree of freedom, *df*

獨立變數減去其衍生數

當以統計量來推估參數時,樣本中可以獨立自由變化的數據個數。易言之,自由度等於獨立變數減去其衍生數,例如,在 0~10 這組數字中可以任選兩個數字,若結果毫無限制,由於兩個變數可以自由變化,完全沒有任何限制,也就是零個限制,所以自由度為 2。但若結果限制為十,當第一個數字可以自由變化,第二個數字就完全沒有變化空間,因此,兩個變數減去一個限制,所以自由度為 2–1。另舉一例,當變異數的定義是,所有隨機樣本減去平均數,由於該平均數是由樣本所衍生出來,所以對於 n 個隨機樣本而言,其自由度為 n–1。總的來說,統計模型中的自由度等於自變數的個數,如迴歸式中有 m 個參數需要估計,其中包括了 m–1 個自變數,因為截距對應的自變數是常數,因此迴歸式的自由度為 m–1。

正中紅心

38 不偏性
unbiasedness

推估的準確性

以樣本統計量推估母體參數的準確性。儘管每次抽樣抽出的樣本不同,計算出來的統計量可能不同,但是上述統計量的期望值,應該等於期望推估的母體參數,符合這種性質就是不偏性,也就是準確性。事實上,在推估的判斷過程中,除了不偏性,也包括有效性和一致性考量。易言之,雖然不偏性可以確保統計量的期望值符合母體參數,但是如何降低統計量之間的差異,也就是使變異數最小也很重要,意即有效性(efficiency)或稱精密性(precision)。事實上,根據大數法則理論,當抽出的樣本數越多,推估母體參數的準確性也越高,當樣本趨近於無限,推估準確性機率應該等於一,此即一致性。

"Everything on your resume is true ... right?"

說謊的應徵者

39 虛無假說
null hypothesis

希望被證明是錯誤的假說

假說檢定包括兩種統計假說，第一是研究假說（research hypothesis），又稱為對立假說（alternative hypothesis）或備擇假說，這是研究最想知道的答案，通常以 H1 表示。第二是虛無假說又稱為零假說，它是由對立假說所決定，也就是它的反命題，通常以 H0 表示。質言之，設立兩個假說完全是基於邏輯上的需要，例如，當虛無假說被拒絕，則研究假說便獲得支持。科學研究就是要以去除錯誤的假說，而非接受正確的假說來進行，如此才能避免陷入肯定後項的謬誤（fallacy of affirming the consequent）。總的來說，虛無假說的表現方式很多，一般是以兩個變數無差異或無關係來表現。例如，相關檢定時是「兩者無關」，獨立檢驗時是「兩者並非獨立」。雖然在統計檢定上，研究假說經常是被期望實現的假說，但是在數學上兩種假說的地位完全相等。無論如何，虛無假說和研究假說都是以母體形式表現，而非以樣本的形式表現。

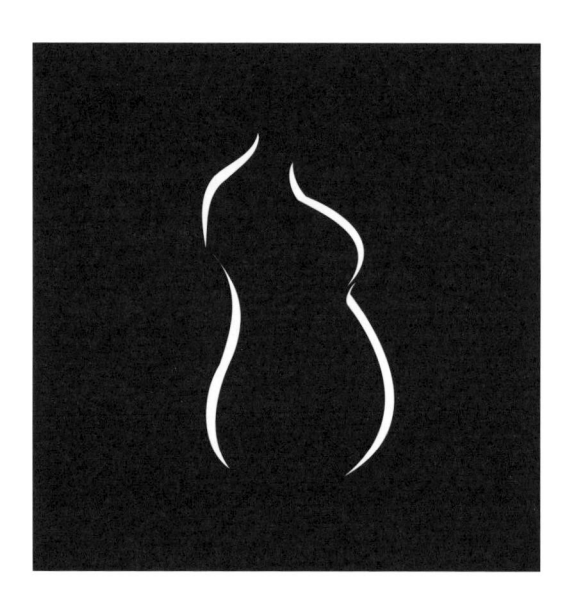

懷孕

40 型一錯誤
Type I error

拒絕正確的虛無假說

虛無假說是正確的，但卻拒絕。例如，若設虛無假說是未懷孕，若用驗孕棒為一位未懷孕的女士驗孕，結果是已懷孕，就是型一錯誤。發生此一錯誤的機率，就被定義為顯著水準。事實上，多數統計檢定都未直接衡量母體及應用其參數。因此，永遠無法證明虛無假說是真是假，最多只能提供一個樣本結果，證明拒絕的決策是否足夠充分，也就是任何決策都可能出現誤差。

懷孕

41 型二錯誤
Type II error

接受錯誤的虛無假說

虛無假說是錯誤的，但卻接受。同前，若設虛無假說是未懷孕，若用驗孕棒為一位已懷孕的女士驗孕，結果是未懷孕，這是型二錯誤。儘管科學研究始終追求降低錯誤，期使拒絕真實假說的機率降低，也就是儘量使型一錯誤的顯著水準越低越好。然而，型一錯誤與型二錯誤正好呈現反向相關，也就是當降低了拒絕真實假說的機率，同時也會導致維持錯誤假說的機率提高。

$$\alpha$$

Alpha 符號

42 顯著水準
level of significance

拒絕虛無假設的機率

假說檢定時,事先界定的一個判斷數值,代表在決策過程中所面臨的風險,也就是犯下型一錯誤的機率,稱為 α 值。例如,100 次檢測中有 5 次或低於 5 次會誤判正確虛無假設的機率,α 值等於 0.05。此值越小,代表希望誤判的機率越小。α 值將機率分為兩個區間,小於機率的區間稱為拒絕區,大於機率的區間稱為接受區。如果樣本結果屬於接受區,則接受虛無假設代表無顯著差異;如果樣本結果屬於拒絕區,則拒絕虛無假設代表有顯著差異。總的來說,顯著水準不是一個固定不變的數值,而是依據所可能承擔的風險來決定。當研究不具實際上的意涵,顯著水準可能被隨意選定,不過通常是 0.001、0.01 與 0.05。

信任

43 概念
concept

經驗現象的抽象化

代表一個物體或其特性與現象的抽象化,它使思維與現實有效地連結起來。這種經驗現象的抽象化描述,可以提供科學溝通的基礎,賦予科學社群一種觀察現象的方式,對於經驗世界進行分類與普遍化。概念一旦被系統化與整合化,相關概念的連結可以構成理論。無論如何,概念是無法衡量的。

淫 詰 強
Obscene　Interrogate　Strong

狂 誅 毒
Insane　Execution　Poison

殺 愛 健
Kill　Love　Health

辭典

44 概念型定義
conceptual definition

透過其他概念來描述特定概念

藉由原始術語和延伸術語來描述的一個概念定義。儘管某些概念可以經由其他概念來定義，但是終究某些概念無法再被其他概念所定義，這些概念稱為原始術語（primitive term），其意義不是含混模糊的，而是清晰且普遍被認同的，特別是非常容易被觀察的。例如，個人、互動或有規則性。透過原始術語來加以定義者，稱為延伸術語（derived term）。例如，團體是經由規則性互動的兩個以上的個人等概念來加以定義。由於概念型定義純粹是由定義者所宣告，因此，可以批評它的理解性不足，或是論述的脈絡不一致，但是批評其定義的真偽則沒有必要。

美

45 操作型定義
operational definition

將概念理論具體示現為經驗觀察

將無法直接觀察的概念，推論其在經驗層次是存在的，並使其存在及其程度變成可以被觀察。概念同時具有操作型與概念型成分，後者屬於抽象的，前者則是具體指出如何觀察及其衡量方法。質言之，沒有衡量方法，就不是操作型定義。例如，長度的定義是以量尺來衡量公分公尺等單位，時間的定義是以鐘錶來衡量分秒時日等單位，所以時間和長度都是操作型定義。至於美與信任的定義都沒有包含衡量單位與方法，因此，美與信任都不是操作型定義。總的來說，科學研究可以單獨從概念型或操作型切入，但是若能加以整合，形成相互支持與互補，可以使理論的驗證更有效率。

可變動的

46 變數
variable

轉化概念成為經驗

概念是經驗現象的抽象化結果，若要將概念反轉成為經驗，則概念必須先轉換成為變數，也就是將其轉換成為一組數值，這組數值代表兩個或以上的經驗性質。當經驗性質變化，就會反映在數值變化，於是稱為變數。變數是常數的相反，它是指不固定可改變的數值。變數若是以非數字符號來表示，經常是以拉丁字母形式出現。在社會科學的因果關係研究中，通常採用數學方程式的對應觀念，也就是將一個變數稱為自變數，或稱解釋變數、獨立變數及預測變數。另一個變數稱為依變數，或稱果變數、被解釋變數及準則變數。然而，自變數和依變數的區別是分析性的，在真實世界中，變數既非自變數亦非依變數，它只與研究目標有關。例如，在某一個研究裡的變數是自變數，但是在另一個研究裡則被視為依變數。

黑夜白天

47 自變數
independent variable

引起依變數變化的變數

引起依變數變化的條件或因素,也就是依變數變化的原因,又稱爲解釋變數(explanatory variable)、預測變數(predictor variable)及獨立變數。若從依變數的不同反應來區分自變數類型:刺激型是指,依變數變化來自於不同刺激所造成,例如,光線和溫度的強度。環境型是指,依變數變化來自於不同環境特質所造成,例如,白天或黑夜,時間是無所不在的環境變數。對象型是指,依變數變化來自於研究對象本身的特質,例如,相關人口變數或文化階級。若從自變數的類型來區分研究,如果自變數是連續變數,則屬於函數型研究。如果自變數是類別變數,則屬於因素型研究。

暗夜狼嚎

48 依變數
dependent variable

希望解釋的變數

導因於或受到自變數影響的變數,又稱為應變數、果變數、被解釋變數及準則變數(criterion variable)。若以數學方程式來表現,依變數出現在方程式的左邊,也就是依變數是自變數的函數。雖然依變數與自變數具有函數關係,但是兩者的因果關係並非永遠存在,而是建立在特定的研究架構下才能成立。例如,在某一個研究下的自變數,可以是另一個研究下的依變數。而兩個高度相關的自變數和依變數,也有可能在另一個研究中完全沒有相關。另外,由於社會科學研究的主題經常非常複雜,所以對於所研究的依變數,經常需要導入許多自變數才能解釋其中變化。甚至有時依變數得到相同結果,是由不同的自變數組合所引起,稱為原因多重性(plurality of causes)或等效性(equifinality)。

"Ready for your first lesson in conflict resolution?"

調節衝突

49 中介變數
mediator

在自變數與依變數之間的變數

會對依變數反應產生作用的所有變數,它既不屬於自變數,也不屬於依變數,而是一種假設的概念,只能依據因果關係情境去解釋與推理,又稱為干擾變數(intervening variable)。易言之,中介變數是突顯出因果的虛假關係(spurious relation),並且不被包括在假說陳述的所有變數。無論是中介變數或干擾變數可以包括:調節變數、混淆變數及控制變數,它們都會干擾自變數對依變數預測效果的解釋。細而言之,如果中介變數會與自變數產生交互作用,此時中介變數就是調節變數(moderator variable);如果無法釐清對於自變數的影響,此時中介變項就是混淆變數(confounding variable);如果可以將混淆變數加以控制,此時中介變數就成為控制變數(control variable)。

地球

50 內生性
endogeneity

依變數成為自變數的原因

內生性概念與內生變數（endogenous variable）緊密關聯。內生變數是一種系統或模型內所要解釋的變數，它是由系統或模型所決定，也就是它是系統或模型中的因果。但是若在系統或模型中，一個或多個解釋變數與被解釋變數之間相互作用或互為因果，就會導致系統或模型產生內生性。在人類的經濟系統或模型中尤其明顯，畢竟所有的經濟變數很難是完全獨立。例如，貨幣發行量是由各國央行所決定，理論上它是外生變數，但是各國央行的貨幣發行卻經常不是隨意的，而是依據該國經濟需求而發行。因此，貨幣發行是外生還是內生就存在因果關係。

外星人

51 / 外生性
exogeneity

無法由系統或模型所決定

內生或外生取決於系統或模型,若是在一個系統或模型內部決定的變數,就是內生變數。反之,若是無法由系統或模型決定的變數,就是外生變數。例如,地球是一個系統,地球上一切可以統計的變數都是內生變數,但是陽光就是外生變數。但是若以太陽系作為研究系統,那麼陽光就成了內生變數。因此,外生變數就是在系統或模型中受外部因素影響,而非由系統或模型內部因素所決定的變數。這種變數通常可以由研究加以控制,據此作為達成系統或模型目標的變數。一般而言,外生變數都是確定變數,或稱為條件變數或政策變數,它會影響系統或模型,但是本身不受系統或模型影響。

在或不在

52 隨機變數
random variable

可能發生也可能不發生

無法確定的變數,它是由隨機而獲得,只能以某種概率來取值,這是一種可能性的概念。質言之,隨機變數是指,特定事件在相同條件下可能發生,也可能不發生。隨機變數可以分為兩類:離散型是指,在特定區間內變數可以詳細列出,例如,出生數或死亡數。連續型是指,在特定區間內變數無法詳細列出,例如,身高或體重。總的來說,隨機變數代表在進行衡量之前,若要預言將可以取得某個確定數值,幾乎是不可能。儘管如此,隨機變數也不全然是完全不可預測,它其實包含了某些系統成分,也就是每一個隨機過程,其實都具有系統成分和概率成分。若從哲學的角度,隨機變數具有兩種極端的世界觀:偶然或機率(probabilistic)及必然或命定(deterministic)。前者是指隨機變化存在於現實世界無法消除,無論研究採取什麼分析工作,仍然無法降低非系統變異。反之,後者視隨機變化是尚未解釋的一部分,統和隨機之別只是刻意強加,只要納入正確的解釋變數,現實世界就可以被完全預測。

愛

53 構念
construct

無法直接觀察的概念

可以視為概念的一種。概念是對於經驗世界的一個抽象化描述，理論上概念不存在於真實世界，也無法被直接觀察和衡量。同樣地，構念也是一種無法被直接觀察的概念，它也非具體的存在。但在研究過程中，可以將構念視為是一個假說性的實體，它是基於理論所推演建構出來的概念。如果再與概念相比，構念必須要有更明確及有效的定義，並且以可以衡量為原則。總的來說，構念是指無法被直接觀察的概念，它必須透過可以觀察的指標才能間接反映。

道成肉身的耶穌

54 衡量
measurement

賦予經驗性質一個數字或符號

依據規則將具體指標賦予抽象構念的過程，也就是將抽象的構念轉化成可以衡量的變數，這種轉化過程就是衡量。衡量過程中最重要的概念，就是掌握衡量的結構一致性（isomorphism）或稱同形，也就是衡量所採取的指標系統與衡量的概念結構相同或類似的程度。它涉及了如何將衡量的結果，有效地推論到構念的層次。細而言之，一致性就是強調結構同形，它與比例的大小沒有關係，只要同比例增大縮小即可。衡量規則與理論框架是否契合，也會導致衡量經常出現問題。以變數是連續性或不連續性為例，若將一個很好的連續變數如年齡，分類成為老年、中年與青少年等，這種分類既不必要也不精確。它除了可能產生錯誤的分組，也同時喪失了許多寶貴資訊。同樣地，若將原屬於不連續的變數賦予連續的數值，如將個人的宗教信仰數值化排列，其實完全沒有意義，也就是用等距尺度來衡量，未必好過名目或順序尺度。

嗅覺

55 / 衡量誤差
measurement errors

觀測值與真實值之間的差異

真正差異之外任何引起衡量數值偏離的差異。相較於發生在變數與概念之間的真正差異（real differences），衡量本身產生的變異稱為虛構差異（artifact differences）或觀察誤差（observational error），也就是當重複進行衡量時，數值經常會出現微小差異。衡量誤差可以分為：系統誤差，是在相同的衡量條件之下表現出的規律性誤差，可以經由嚴謹的流程加以控制。隨機誤差，是由無法控制的因素所造成的誤差，例如，感官能力與工具限制。儘管隨機誤差無法避免，但是可以透過重複觀察的期望值來降低。

誤用錘子

56 系統誤差
systematic errors

單向、重複與規律偏離的誤差

衡量誤差的偏離原因之一，在相同的衡量條件之下表現出的規律性誤差，又稱為規律誤差或已定誤差。系統誤差是持續性的，但不代表它是一個常數。系統誤差主要特性包括：誤差值大小和正負方向固定不變。理論上，系統誤差無法消除，但是可以調整降低。系統誤差成因包括：工具誤差（instrumental errors），起因於衡量工具缺陷或未按流程所致。理論誤差（method errors）或稱方法誤差，起因於衡量設計未達理論要求或設計本身缺失所致。個人誤差（personal errors），起因於研究者個人習慣與反應所致。

C°

攝氏

57 隨機誤差
random errors

無法控制的因素所造成的誤差

衡量誤差的偏離原因之一,又稱為偶然誤差和不定誤差。這種誤差是由於衡量過程中無法控制的因素隨機變動所致,它會對於系統誤差產生抑制或扭曲作用。隨機誤差主要特性包括:大小和正負方向都不固定,無法衡量、校正或找出確切原因。不過,隨著衡量次數的增加,正負誤差可以相互抵銷,誤差的平均值也會逐漸趨於零。儘管隨機誤差不同於系統誤差,但是兩者無法絕對區分。例如,某些因素在短期之內,可以歸屬於隨機誤差,但是在長期可能又轉化成為系統誤差。例如,溫度在幾天之內的波動屬於隨機誤差,但是在較長時間如季節,其產生的影響波動可以劃分為系統誤差。

年輕女巫

58 預測誤差
prediction errors

觀察值和預測值之間的差異

預測模型所產生的預測值與觀察值之間的差異,經常採用的衡量指標是均方根差(root-mean-square deviation)或均方根誤(root-mean-square error),也就是預測值和觀察值之差的樣本標準差(sample standard deviation)。一般而言,上述誤差都是以樣本統計量進行估計,稱為殘差(residuals)。當不是以樣本統計量進行估計時,就稱為預測誤差。無論如何,不論是採用量化方法或質化方法,抑是採用簡單模型或複雜模型,沒有任何一種預測方法或模型具有絕對優勢。例如,複雜模型雖然可以解釋更多的變化原因,但是若從預測誤差的極小化以及預測效率等角度,時間序列與簡單預測模型也許是更佳選擇。

Σ

加總符號

59 　問卷
questionnaire

將研究目標轉化為特定問題

由系列的問題所組成，透過上述問題的答案，作為假說檢定之用。質言之，問卷是將研究目標轉化為特定問題，再透過問題與答案的標準化，可以在很短的時間之內，蒐集大量的樣本和觀察數值，利於後續的類比、統計與分析。儘管如此，沒有任何的問卷可以完全反映真實，特別是包括難以啟齒的個人隱私。

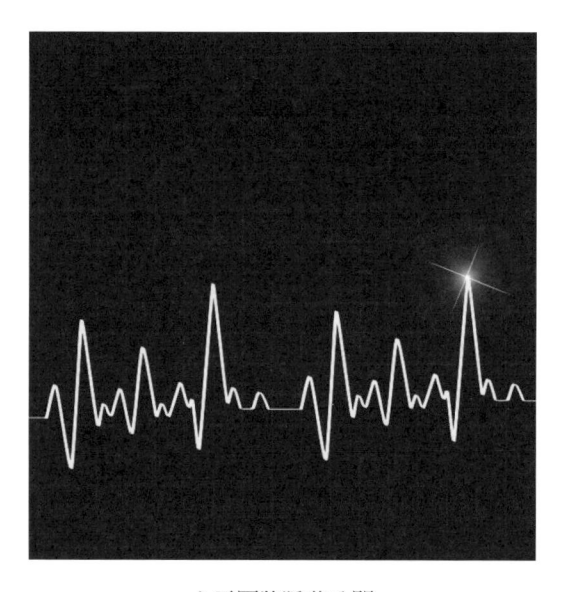

心電圖將隱藏公開

60 李克特量表
Likert scale

將隱藏的公開化

一種心理反應量表，表內各項分數，只有加總，沒有加權。各項陳述具有兩個極端值，包括極端正面與極端負面，兩極之間通常採用五個等級：極同意、同意、無意見、不同意與極不同意，也有主張採用七級或九級。不過，實證顯示不論何種等級量表，其平均數與變異數都很近似。除了上述奇數量表之外，刪除中間選項的無意見，就會成為一個強迫選擇的偶數量表。無論如何，此種量表易受幾種因素干擾：趨中傾向偏差，意即受試者慣性迴避極端選項；慣性偏差，意即對於陳述的慣性認同；社會讚許偏差，意即嘗試揣摩迎合問卷者期望的結果。

選舉民意

61 效度
validity

衡量工具的正確性

社會科學經常無法直接衡量，也就是無法完全確信所要衡量的，與目前研究所設計的衡量工具是否契合。例如，若以人權是否受到保障，包括用言論、出版、新聞與集會自由等指標來衡量自由民主，是否會比用投票率或民選議員人數更為正確。在研究過程中，必須提出證明來支持工具的正確性。一般而言，效度的表現形式分為三種：內容效度（content validity）純粹基於主觀，通常包括兩種型態：例如，經由相關專家學者同意，則稱為表面效度（face validity）；例如，母體內容是否已被衡量工具所充分抽樣，即稱為抽樣效度（sampling validity）。經驗效度（empirical validity）是指，衡量工具與衡量結果與其他知名的工具或稱效標（criteria）之間是否具有高度相關。建構效度（construct validity）是指，將衡量工具與普遍化的理論概念加以連結。

塔羅牌卡司法

62 信度
reliability

衡量工具的一致性

衡量工具導致衡量結果變動誤差的程度,也就是採用相同的衡量工具,但是每一次衡量結果都不一致,例如,在不同時間或不同空間,獲得的結果都不一樣。儘管衡量誤差可以分為,規律性的系統誤差,以及無法控制的隨機誤差。不過,系統誤差對於信度沒有影響,因為它會以相同方向產生影響,所以不會造成不一致性。反之,隨機誤差可能導致不一致,進而造成信度降低。因此,信度也可以視為隨機誤差對於衡量的影響程度。質言之,如果隨機誤差為零,代表衡量工具完全可信。若以磅秤量重為例,幾次的衡量結果都明顯不同,代表這台磅秤不是可信的工具。由於社會科學經常缺乏客觀統一的衡量標準,如何提高衡量可靠性一致性非常重要。

比薩斜塔

63 / 偏誤
bias

資料蒐集或分析時的系統性錯誤

客觀的反義詞,代表主觀、偏袒與扭曲事實的錯誤。客觀(objectivity)是一種獨立與中性的判斷,缺乏客觀就會導致偏誤。一般而言,偏誤的可能原因眾多,有些是故意的、有些是偶發的、有些是因為方法、有些是因為其他因素造成。不過大致可以分為兩種:選擇偏誤(selection bias)是指,從母體抽出樣本導致系統性的扭曲總體,也就是以不具代表性的偏差樣本(biased sample)來推論普遍性的結論。缺乏代表性的原因,包括:樣本數太小以及非隨機抽出。遺漏偏誤(omission bias)是指,分析時排除了某些對於因果關係有影響的可能變數,或是根據不適當方法去推論出普遍性結論。

Mt. EVEREST
8848 m
(29,029 ft)

喜馬拉雅山

64 連續變數
continuous variable

沒有最小單位量的變數

無法以絕對準確的方式來衡量,例如,數值可能太小,無法以任何衡量工具加以記錄。易言之,在相鄰的兩個數值之間,可以無限地加以細分,在一定區間之內,可以取得無限數值的變數。例如,身高或體重都是連續變數。總的來說,連續變數無法逐一列舉其數值,只能採取組距方式加以分組,而且相鄰的組限必須重疊。

排隊人群

65　不連續變數
discrete variable

有最小單位量的變數

可以特定的數值來表示，但是無法再無限細分。不同變數之間的差異，不能少於最小單位量，例如，性別或人數都是不連續變數，又稱離散變數或間斷變數。不連續變數的變動幅度若小，意即變數的個數不多，可以一個變數值來對應一個組，稱為單項式分組，例如，家庭可以小孩數目來分組。反之，變數幅度若大，意即變數的個數很多，可以把所有變數分為幾個區間，區間距離稱為組距，稱為組距式分組。

上帝與魔鬼

66 名目尺度
nominal scale

沒有順序的分類

利用數字或符號將研究對象進行分類,一種最低層次的衡量,只能用來比較相等與否,但是無法比較大小,或是進行加減乘除的運算。例如,顏色和性別都是名目尺度,只能用來區別是否同類,但是無法比較大小,或是將任何一種顏色和性別予以加總,這些運算都是沒有意義。無論如何,名目尺度分類必須符合窮盡性(exhaustive),包含所有研究對象;互斥性(mutually exclusive),任何研究對象不會被分到一個以上的類別之中。名目尺度的分布情況,可以用眾數和分散度來描述。

足球賽

67 / 順序尺度
ordinal scale

有順序的分類

和名目尺度一樣可以用來分類,不同之處在於,順序尺度的分類具有大小之別。不過,仍然無法進行加減乘除的運算。例如,名次可以用來比較優先順序,但是無法比較第一與第二的差距,比第二與第三的差距大多少。無論如何,順序尺度分類具有下列特性:非反身性(irreflexive),對 A 而言,A>A 不成立;不對稱性(asymmetrical),若 A>B,則 B>A 不成立;可遞移性(transitive),若 A>B,且 B>C,則 A>C。次序尺度的分布情況,可以用眾數和中位數來描述。

沒有零

68 等距尺度
interval scale

沒有絕對零點的衡量

具有順序尺度的所有特性,並且可以比較大小與進行加減的運算,運算結果仍然有意義。不過,由於等距尺度沒有絕對的零點,也就是零不代表沒有,所以無法進行乘除的運算,意即運算結果沒有意義。例如,攝氏(或華氏)溫度 19°C 與 20°C 的差距,等於 21°C 與 22°C 的差距。0°C 不代表沒有溫度;20°C 不是 10°C 的 2 倍。等距尺度的分布情況,可以用眾數、中位數或平均數來描述。

零

69 等比尺度
ratio scale

有絕對零點的衡量

具有等距尺度的所有特性,但是等比尺度具有絕對的零點,也就是零代表沒有,因此可以進行乘除的運算,運算結果仍然有意義。例如,重量 20 kg 與 21 kg 的差距,等於 22 kg 與 23 kg 的差距。0 kg 代表完全沒有重量。60 kg 是 30 kg 的 2 倍。等比尺度的分布情況,可以用眾數、中位數或平均數來描述。等比尺度又稱比率尺度。

"How did you do with those stocks I recommended?"

指數股票推薦

70 指數
index

綜合二個或以上的指標的衡量

綜合多種變數之後的數值，藉由單一數字來表現數個變數，藉此降低資料的複雜性，經常以比例（proportion）、百分比（percentage）和比率（ratio）的形式來表現。比例是指，任何特定項目的觀察值或次數，除以總觀察值或總數，其值範圍從 0 至 1。若將比例乘以 100 就成了百分比，其值範圍從 1 至 100；比率是指，任何特定項目的次數的相對分數，意即兩個次數之間的比，例如，女性 9 名、男性 3 名，女性與男性的比率是 3/1。另外，為了比較不同時間或空間的同一指數，必須進行指數基準轉換（shift the base of index），也就是指數標準化。例如，將對比的基準年度視為 100，則其他年度的觀察值相對於基準分別為多少。

全球幸福指標第一的不丹王國

71 指標
indicator

一個概念可以被觀察與實證的部分

無法直接觀察的抽象概念，經常透過衡量其經驗性可以被觀察的指標，據此推論其存在。例如，某些可以辨識的行為，經常可以作為抽象概念的指標。然而，由於社會科學的概念經常是多重面向，因此，唯有發展多重指標才能反映概念的特定構面。無論如何，指標無法任意選定，必須同時依據理論與考量現實經驗。至於指標的具體示現，可以經由操作型定義來指明，並且經常透過數字來表現。

阿努比斯神

72 假設
assumption

無法驗證的基本前提

尚未驗證且無法驗證的信念,這些不證自明的基本信念,是從事科學論證一項必要的先決條件,也就是理論建構的重要出發點,也可以稱為假定。易言之,為了對於特定事物或現象進行解釋,所作的無法被證明或被推翻的命題。例如,上帝是否存在,是無法被證明的命題,雖然這不是科學研究的範圍,也是迄今科學仍無法處理的問題,但是在科學研究中,它可以被視為是一種假設。

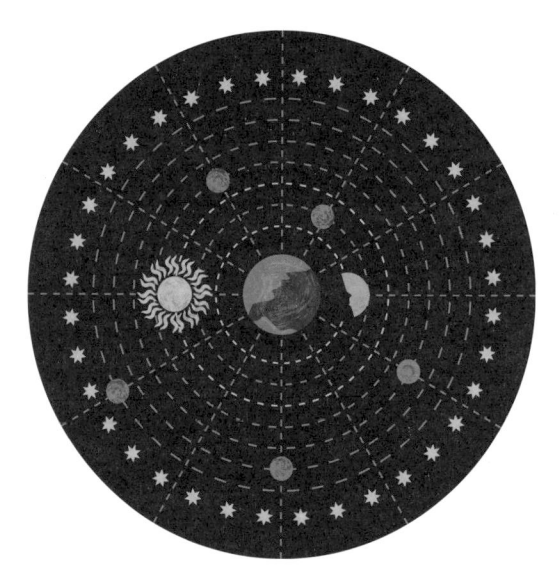

地球中心假說

73 / 假說
hypothesis

有待驗證的命題

從既有理論中推導出來有待驗證的命題，是研究問題的一個暫時性答案。假說與假設（assumption）經常被混淆，由於 hypothesis 有時被譯為假說，有時又被譯為假設。如果 assumption 譯為假設，兩者就會混淆。事實上，兩個概念完全不同。假說是對於特定現象可能的解釋陳述，又稱為命題（proposition），但是需要經過科學方法加以否證。因此，假說未必正確，唯有經過否證才能確定。總的來說，依據已知的科學事實和理論，對於特定現象經過歸納分析與推論所作的說明，都只是一個暫時性的解釋。任何理論在未經否證確定之前，都只能是假設學說或是假說。無論如何，創新的假說即使缺乏驗證的方法，在科學研究上也仍佔有一席之地。

{ WORK HARD PLAY HARD }

努力工作使勁玩

74 命題
proposition

未經驗證的因果論述

關於兩個或以上構念的陳述,並以因果關係形式加以連結。命題旨在說明兩個或以上構念之間的關係,它是未經驗證的解釋陳述。另一方面,假說是為了實際驗證目的所建構的命題,如果將命題加以明確陳述,並且透過資料蒐集進行實證統計檢定,此一命題就成了假說。

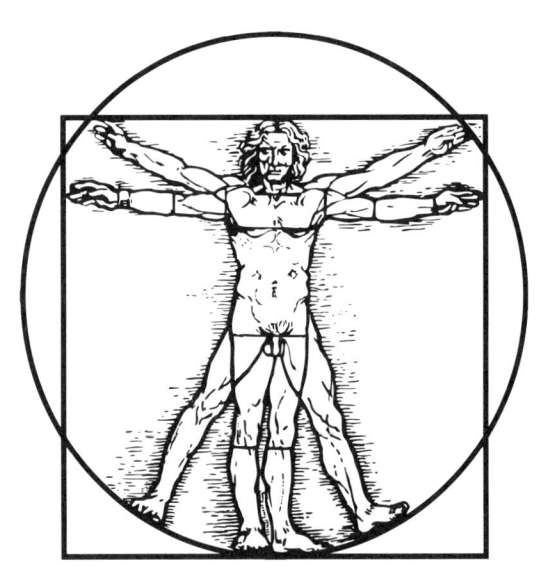

達文西作品《維特魯威人》

75 概念架構
conceptual framework

研究問題的相關構念模型化

它是現實世界的抽象化,但與現實世界沒有對應關係。在社會科學研究中,概念架構不必代表全部理論,可以是與研究問題有關的部分。由於理論無法直接驗證,因此透過概念架構進行驗證。易言之,概念架構如同是相關構念的組合,它們可以組合成為理論,經由驗證概念架構來決定支持或拒絕理論。質言之,概念架構就是,與研究問題有關的相關構念模型化,模型說明了這些構念之間的因果關係,並以命題或假說的方式來表現,也就是與研究問題有關的命題或假說的整合性結構。

僧侶在工作

76 量化研究
quantitative research

數量的、系統的、普遍的研究

採用數學與統計的系統性分析,又稱為定量研究(empirical research),旨在建構一套與社會現象連結的數學模型、理論與假說。量化研究最重要的過程,就是衡量的過程,也就是連結現象的經驗觀察與數學表現的過程。主要的資料型態包括:統計或百分比等數字形式。總的來說,量化研究就是透過資料與統計方法,基於對特定現象的數值衡量,從實證中推論出普遍性描述或是檢驗因果假說,其他研究者也可以重複的衡量和分析,

原始風格舞蹈

77 質化研究
qualitative research

非數量的、人文的、敘述的研究

一般不採用數值衡量,又稱為定性研究。通常傾向於關注單一或少數個案,透過敘述性方法尋求普遍化解釋,雖然只是聚焦於少數個案,但是經常可以挖掘出大量資訊。相對於量化研究,質化並非單指特定一種方法,而是許多不同方法的統稱,但是都不屬於量化研究的範疇。總的來說,質化研究聚焦於更深入了解思考行為及其脈絡。因此相對於量化研究,質化研究更專注於更小更集中的樣本,據此取得特定研究對象的資訊與知識。質化理論主要包括,紮根理論、批判理論、個案研究、實地調查、參與觀察、論述分析與內容分析等。無論如何,當不再從窄視觀點來思考單位、個案與紀錄,就可以更意識到質化研究。儘管質化看似沒有方法的研究迄今仍受批判,但是任何研究在進行判斷時幾乎都是質化。

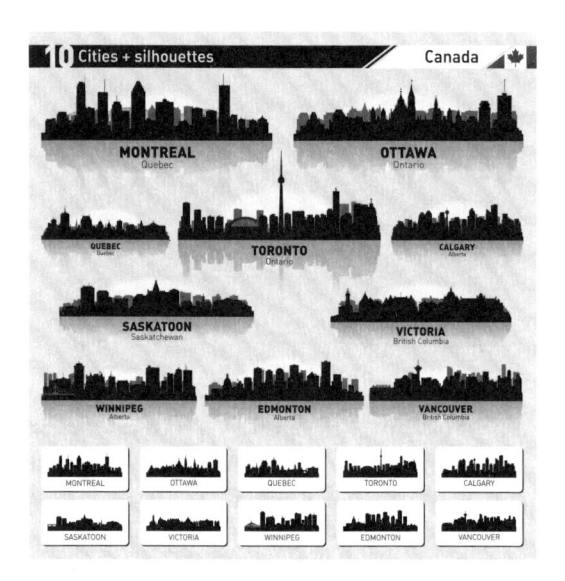

十大城市天際線

78 橫斷面分析
cross-section analysis

同時期的研究

對於同一時期的數值資料進行觀察與檢定,在相互比較的基礎上,對於特定因素或各種因素之間的關係進行分析,旨在探討社會經濟現象在特定時期的相關程度、因果關係及其變化。橫斷面分析的優點,可以快速且全面地了解特定事件或群體的特徵及現象,並且進行比較分析。不過,由於缺乏長時間的資料觀察,只能針對同一時期進行研究。因此,難以更深入探討問題或現象的原因與趨勢。

中國長城

79 縱斷面分析
longitudinal analysis

長時間的研究

鎖定特定研究對象進行長時間觀察或檢定，探討在不同時期的變化或解釋其因果關係。分析資料經常涵蓋許多時間點，有時可以橫跨數十年之久。相對於橫斷面研究，縱斷面分析可以觀察事件發生的時間順序及其變化，包括：時間序列研究（time-series research）、追蹤研究（panel study）、世代研究（cohort study）都是。時間序列研究是指，每隔一個特定時間，就對相同研究對象蒐集一次橫斷面資料，藉此了解在不同時間上所呈現的差異。追蹤研究是指，在不同時間點對於相同樣本蒐集橫斷面資料。相較於時間序列研究，追蹤研究的難度更高、成本更多，因為追蹤樣本可能消失或失聯。至於世代研究與追蹤研究相似，主要針對在特定時間有相似經驗的樣本進行長期研究，因此，研究樣本未必完全相同。世代研究屬於宏觀分析，關注整體特徵，而非特定個體。

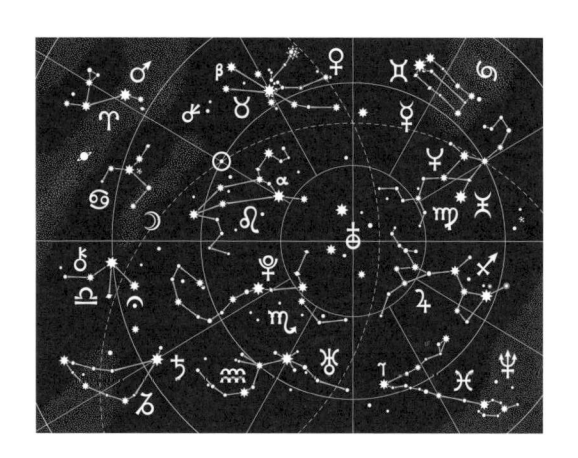

十二星座

80 探索性研究
exploratory study

從研究到理論

事先並沒有理論,屬於歸納法研究。不同於敘述性和因果性等結論式研究,探索性研究不具有明確的研究問題、假說與分析方法,適用於研究問題本質有待釐清,或是先前未曾與很少被討論,藉此研究發掘一些觀念與想法,但是不包括推理及提供解決方案。探索性研究主要包括:文獻與次級資料分析、非正式與正式深度訪談、個案分析與實驗研究等。探索性研究結果利於後續的敘述性或因果性研究,包括:確認所設計的問卷是否周延,以及變數與概念之間的關係等。總的來說,探索性研究是從異常的現象中,蒐集非正式與小規模的資料來釐清,據此確認並定義研究問題。

黑猩猩太空人

81 驗證性研究
confirmatory study

從理論到研究

檢驗並修改理論，屬於演繹法研究。經常是探討變數之間因果關係的因果性研究，一般都會發生在探索性、敘述性和解釋性研究之後，或是某種程度可能同時包含上述研究。細而言之，探索性研究是指，從異常的現象中，蒐集非正式與小規模的資料來釐清，據此確認並定義研究問題。敘述性研究是指，在清楚界定的研究問題之下描述整體現象的特性。至於解釋性研究是指，對於研究對象的特性、成因、關係與規律提出理論說明，並且據此擴大理論的普遍化程度。總的來說，任何研究很難完全歸於特定的研究取向，或說任何的研究可能同時包含多種研究取向。

切格瓦拉

82 個案研究
case study

以經驗為主的研究

針對一項事實或一組事件,透過系列問題尋求解決方案,可以視為是一種引發辯證與行動的工具。個案研究可以提供系統性觀點,透過直接觀察獲得更深入的理解。儘管如此,個案研究存在許多限制與困境;包括個案研究的結論歸納是分析性而不是統計性,並且帶有主觀性與隨意性;個案研究缺乏一套標準量化分析方法,證據的揭示與解釋帶有選擇性,不同研究者的偏見經常影響分析結果;個案研究的樣本選定不易,資料不一定具有代表性,例如,誤將特定偶發問題視為普遍化結論,完全以依變數來決定個案的選擇,如同只研究戰爭卻想解釋為何爆發戰爭,只研究革命卻想解釋何以發生革命。又如只有石頭的歷史,沒有木頭的歷史一樣。這些都會產生以偏概全的謬誤。無論如何,錯誤的個案選擇足以摧毀精細的因果推論。長期以來,個案研究與統計研究相互爭執,實則兩種方法可以彼此互補。例如,由個案研究提供統計所需的變數與假說,而由統計研究將上述發現進一步檢驗確認。

12 GODS THE OLYMPIANS
ANCIENT GREEK CONCORDANCE

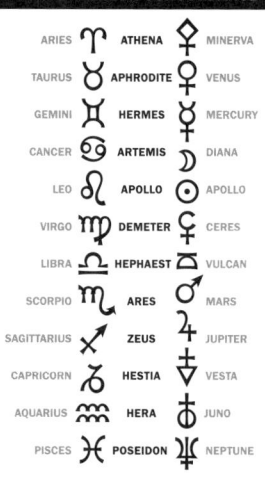

ARIES	♈	ATHENA	☿	MINERVA
TAURUS	♉	APHRODITE		VENUS
GEMINI	♊	HERMES	☿	MERCURY
CANCER	♋	ARTEMIS	☾	DIANA
LEO	♌	APOLLO	☉	APOLLO
VIRGO	♍	DEMETER	⚳	CERES
LIBRA	♎	HEPHAEST		VULCAN
SCORPIO	♏	ARES	♂	MARS
SAGITTARIUS	♐	ZEUS		JUPITER
CAPRICORN	♑	HESTIA		VESTA
AQUARIUS	♒	HERA		JUNO
PISCES	♓	POSEIDON	♆	NEPTUNE

十二神祇與十二星座

83 / 相關分析
relation analysis

兩個變數之間的關聯程度

只有描述變數之間的關聯程度，不涉及自變數對依變數的影響，通常以相關係數 r 表示，其值範圍從 –1 到 1，只能說明兩個變數是正相關、負相關或沒有相關，但是不能解釋為自變數對依變數的影響。實務上，收集一些成對數據，並在座標上描述這些散點圖。正相關時，散點圖會向上傾斜，代表一個變數增加，另一個變數也會增加；負相關時，散點圖會向下傾斜，代表一個變數增加，另一個變數將會減少。總的來說，r 的絕對值越接近 1，代表兩個變數之間的關聯程度越強；越接近 0，代表關聯程度越弱。至於係數的正負，代表相關的方向，不是相關的程度。

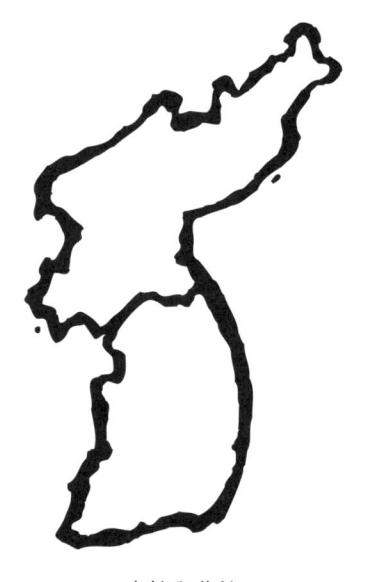

南韓與北韓

84 / 典型相關
canonical analysis

兩組變數之間的關聯程度

描述兩組變數構成的兩組指標之間的關聯程度。細而言之,利用分析一組變數所構成的線性組合,與另一組變數所構成的線性組合,使得兩組線性組合之間的相關程度達到最大。某種程度而言,典型相關有些類似於多元迴歸,後者是分析一組自變數與一個依變數之間的關係,而前者則是分析一組變數與另一組變數之間的相關。不同之處在於,多元迴歸仍然保留原來變數,而典型相關則是由原來一組變數,依據之間的相關,產生一個新的變數,稱為典型變數。

X 符號

85 / 卡方檢定
chi-square test χ^2

比較觀察次數和預期次數是否顯著差異

檢定類別變數是否符合平均分配、常態分配或兩個變數之間是否相互獨立。上述統計值的機率分配，都近似於卡方分配，因此稱之卡方檢定。卡方檢定的虛無假說，經常是樣本中事件發生的次數分配符合特定的理論分配，也就是每一事件屬於互斥的類別變數，所有事件的機率總和為一。例如，丟骰子的事件等於丟骰子的結果，點數可能是 1~6 的類別變數，每一點數都是可能結果，六種結果彼此互斥，機率總和為 1。據此推演，卡方檢定也適用於比較兩種情境變數，包括適配度和獨立性。前者是檢定一組觀察值的次數分配是否異於理論分配，如同檢定樣本的機率分配與母體有多相似。後者是檢定從兩個變數抽出的觀察值配對是否互相獨立，如同檢定同一個體抽取兩個觀察變數彼此是否相關。

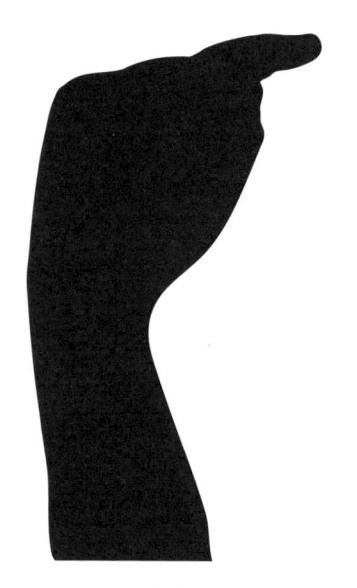

手語 T

86 / t 檢定
t-test

比較兩組資料是否顯著差異；
接受或拒絕虛無假說的檢定方法

當自變數是類別變數，且其類別只有兩種，例如，男女性別，而依變項是連續變數時，t 檢定可以用來分析兩種類別的平均數是否相等，又稱為學生 t 檢定（student's t-test）。依據資料的屬性差異，可以分為單一樣本、獨立樣本與成對樣本等三類。單一樣本 t 檢定，用來檢定特定樣本與特定值之間的關係，也就是將樣本平均數與特定值加以比較，例如，某個城市的平均收入與全國的平均收入是否有顯著差異。獨立樣本 t 檢定，用來檢定兩組相互獨立的樣本之間的關係，例如，兩個城市的收入是否有顯著差異。成對樣本 t 檢定，不同於獨立樣本是比較兩組獨立樣本，成對樣本是比較兩組相依樣本，例如，訓練前後的績效表現是否有顯著差異。除此之外，t 檢定基於 t 統計量和 t 分配，經常用來決定是否接受或拒絕虛無假說。

F 符號

87 / 變異數分析
analysis of variance, ANOVA

自變數因子超過三類的比較

當自變項是類別變數,且其因子等於或超過三個,而依變項是連續變數時,變異數分析可以用來檢定不同類別的平均數是否相等。此一分析主要利用平方和(sum of square)與自由度(degree of freedom)衍生的組間與組內均方(mean of square)來推估 F 值。如果有顯著性,代表依變數平均值在特定因子下存在差異,可以採取事後檢定進一步探討平均數差異情形。依據因子的數量差異,可以分為單因子、雙因子與多因子變異數分析等三類。總的來說,變異數分析在檢定二至四組平均數時非常有效,明顯優於兩兩相比的 t 檢定,原因在於,後者容易因為多重比較導致型一錯誤的機率提高。

JANUS

從過去到未來的傑納斯神

88 迴歸
regression

鑑往知來

以一條線性函數列出兩個變數之間的關係,迴歸一詞是指,所有觀測值有逐漸迴歸到中等即平均值的現象。若以圖形方式來表現,稱為迴歸線(regression line)。無論如何,迴歸永遠只是一種預測,實際觀測值與預測值多少存在差異,如何極小化這種預測誤差(error of prediction)或稱變異量,通常都是採取最小平方法(least square),也就是讓迴歸所預測出來的預測值與所有觀測值之間的差異最小。總的來說,迴歸就是在尋找一條最能代表所有觀測資料的函數,稱為迴歸估計式,並且據此函數代表依變數與自變數之間的關係。

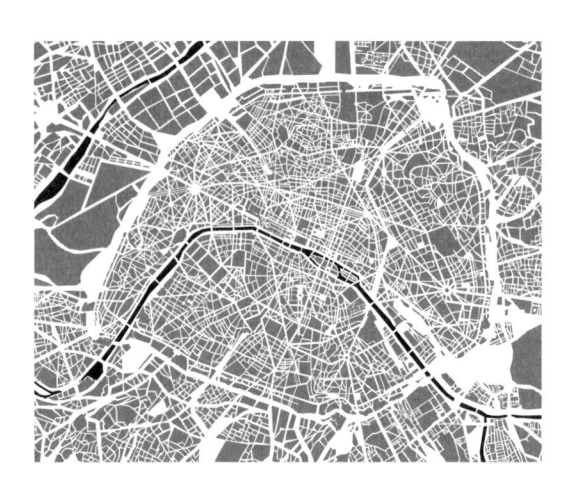

巴黎地圖

89 路徑分析
path analysis

多個變數之間的因果關係分析

多個變數存在時間前後順序，較早發生的變數以何種路徑，以及何種程度去影響後續發生的相關變數。在統計上，路徑分析重複應用多元迴歸分析，依據時間的發生順序，依次求解前一個變數作為預測變數，後一個變數作為結果變數的所有迴歸係數，並且畫出前後變數之間的路徑關係圖。在操作上，依據理論架構推演出因果模式，隨後以多元迴歸中的標準化係數進行估計，驗證符合因果模式假說的路徑係數，以及求出因果變數之間的直接間接效果。總的來說，因果關係是科學分析的重要概念，代表本質在事實和反事實之間的差異。反事實（counterfact）是指，對於一系列的思維建構，可以藉由調整一個或多個條件而產生變化，這種調整前後的本質差異就是因果效應。

陰陽

90 因素分析
factor analysis

簡化相關變數的結構分類

將眾多複雜的變數分類成幾個關鍵因素構面,有利於後續理論假說的建構及反覆驗證之用。因素分析具有幾項優點:它是一種客觀的推理方法;它能從因果繁複隱藏的結構中,發現代表性的關鍵因素構面,進而有助於假說的提出與驗證並建構新的理論;它能使衡量結果的解釋更加清晰,達到以簡馭繁及去蕪存菁的目的。儘管如此,因素分析同樣具有幾項缺點:儘管它是一種客觀的數學分析,但仍無法完全擺脫主觀的價值判斷。例如,不同研究目的獲致的因素構面和命名經常存在差異;此法假定變數之間是線性關係並以加成方式組合,但是複雜社會抽象概念有時可能是曲線關係,也可能不是加成方式組合,例如,交互作用就不是加成關係。

人群

91 集群分析
cluster analysis

簡化觀察值的結構分類

分析時不分自變數或依變數,而是將所有變數都納入計算。相較於因素分析是用來簡化相關變數,集群分析則是用來簡化觀察值。質言之,集群分析是透過距離的計算,將相近的觀察值分類在一起,辨別觀察值在特定屬性上具有相似性,依據這些相似的屬性,將觀察值分成多個互斥的不同集群,使得群內高度同質、群間高度異質。總的來說,集群分析是將觀察值分成不同集群,而因素分析是將同質性高的變數萃取成為一群。若是再與多維尺度分析進行比較,多維尺度分析會將集群分析所產生的分類再予以圖示化,意即產生知覺定位圖。無論如何,集群分析完全不強調統計推論,也就是不透過樣本來推論母體,純粹只是將觀察值的結構予以簡化。

多維空間

92 多維尺度分析
multidimentional scale

圖示化研究對象的相似與相異性

可以將多維空間的研究對象，簡化到低維空間來進行分析、分類與定位，同時保留研究對象之間的原始關係數據，又稱為相似度結構分析（similarity structure analysis）。多維尺度分析可以建構一個多維空間知覺圖，圖中任何一點，代表不同的研究對象，而不同點之間的距離，反映了彼此之間的相似性與差異性。簡化成二維或最多三維空間，因為比較容易理解。至於不同維度構面的產生與命名，是由影響研究對象的各種屬性變數所組成，意即每一維度構面代表或包含數個屬性變數，至於維度命名則依研究目的產生。

樹輪

93 時間序列
time series

依時間排序的一組隨機變數

分析資料以時間作為間隔，最小單位可以是秒分，也可以是日月季或年，甚至更大時間尺度如世代。序列資料包括四種獨立成分：趨勢、循環、季節與不規則。趨勢成分是指，儘管時間序列資料一般呈現隨機型態，但是長期仍會呈現遞增或遞減變化，轉變原因經常受到長期因素影響。循環成分是指，儘管時間序列可以顯示長期趨勢，也就是會準確落在趨勢線上，但是卻經常在趨勢線上下波動。季節成分是指，儘管趨勢和循環成分可以依據歷史資料加以識別，但是往往出現一年或以內有規則的重複運動。不規則成分是指，在分離了趨勢、循環和季節成分之後剩餘的各種可能偏差。它是指那些由更短期、不可預期和不重複出現的因素引起。由於無法預測，因此也無法預期對於時間序列的影響。最後，若從質化研究與量化研究的差別應用，質化的個案研究不同於量化的時間序列分析，質化研究是將時間序列作為研究對象的情境，量化研究則是直接以時間序列作為研究對象。

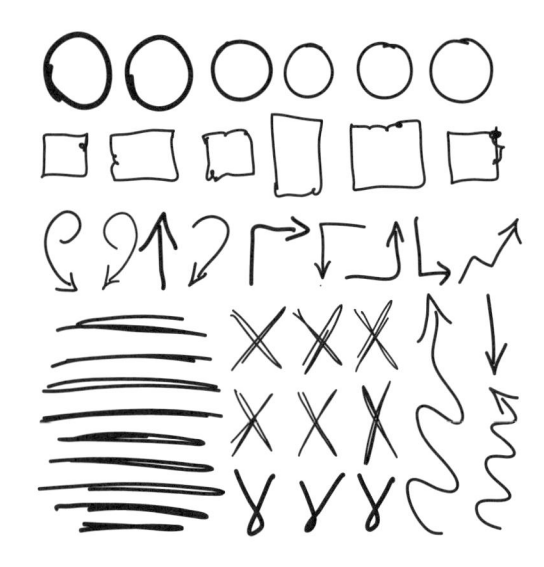

構念衡量符號

94 結構方程模式
structural equation modeling, SEM

整合了因素分析與多元迴歸的分析方法

社會科學概念經常難以直接衡量,而且因果關係極為複雜,結構方程模式可以同時探討多個變數與單一變數之間的因果關係。基本理論認為,潛在變數(橢圓表示)是無法被直接衡量,必須透過觀察變數(方框表示)來間接推估。因此,結構方程模式的理論架構包括:結構模式與衡量模式兩個部分。用來界定潛在自變數與潛在依變數之間的線性關係,稱為結構模式。用來界定潛在變數與觀察變數之間的線性關係,稱為衡量模式。質言之,結構方程模式同時結合了多元迴歸與因素分析。如果研究架構只有衡量模式,而沒有結構模式,稱為驗證性因素分析(confirmatory factor analysis),旨在檢定衡量題項的因素結構與衡量誤差。如果研究架構也包括結構模式,類似於結合了數個路徑分析模型,透過多元迴歸來解釋變數之間的因果關係。

階層的錘子與鐮刀

95 / 階層線性模式
hierarchical linear modeling, HLM

同時解決原子謬誤與生態謬誤的分析方法

分析資料具有階層性或重複測量性。階層性強調個體通常是巢套（nested）於或鑲嵌（embed）於總體、脈絡或群體層次之下，如果以傳統多元迴歸進行分析，由於傳統迴歸最重要的假設是獨立性，也就是任何個體的反應是互相獨立。然而，處於相同群體或脈絡層次之下的個體，理論上經常具有相似的特質。因此，以傳統迴歸分析可能導致錯誤的推論，也就是傳統迴歸無法處理互依性資料。至於重複性是指，如果對於個體進行數次測量，每一次的測量應該存在高度的相關，也就是上述測量結果並非獨立。如果依據階層性思維加以想像，個體層次就像特定對象在不同時間的測量，總體層次就是該特定對象。總的來說，階層線性模式考慮了在脈絡層次下個體層次相依的事實，此一模式又稱為線性混合模式（linear mixed model, LMM）、多層次模式或迴歸（multilevel model/regression）。

愛的手稿

96　內容分析
content analysis

基於文件檔案的系統性量化分析

不是直接觀察行為或親身訪談，而是基於文件檔案的分析方法。此法利用量化的技巧與質化的分析，系統性客觀地將文件內容加以分類統計，據此作為敘述性解釋。分析內容不只是文件中各種語言、訊息和特性，也包括推論產生該內容的脈絡與意義。首先，建立內容的類目及確保類目清晰互斥。類目會隨著不同分析單位而改變。其次，依據定義將內容編碼，並依類目和分析單位的定義加以判讀、辨別敘述及推論統計的適用性。最後，驗證變數之間的關聯假說，並且進一步作出解釋及推論。內容分析有許多優點，包括衡量時不受行動者干擾、觀察內容時不會被察覺，內容分析具有經濟效益。它也隱含許多缺點，包括：內容意涵模糊多元且編碼困難，因此可能存在多種模型解釋相同概念、初萌議題缺乏相關研究資料、無法體現行動者主觀感知、類目和分析單位無法普遍化、所有的意義解釋都是主觀。

"Therapy always works best in a safe environment
... such as your old tree house."

樹中的治療師與病患

97 深度訪談
in-depth interviewing

直接的無結構的訪談

透過自由交談獲取對於特定問題的理解,屬於探索性研究,適用於無法簡明描述的複雜抽象問題。深度訪談方法包括:階梯前進、隱蔽探尋與象徵分析。階梯前進是指,透過連續問題了解其思想脈絡。隱蔽探尋是指,聚焦於貼近個人而非一般性議題。象徵分析是指,利用反面策略來進行比較分析。例如,想知道「是什麼?」可用「不是什麼?」來反問。無論如何,深度訪談可以明確掌握每一位受訪者的確切反應、可以免除其他群體座談可能衍生的社會壓力、可以更自由地交換觀念與探索內心。儘管如此,深度訪談是直接的無結構的訪談策略,包括訪談結果的解釋都非常仰賴專業底蘊及訓練。

小三腳架

98 交叉驗證
triangulation

以一個以上的方法來檢定假說

社會科學資料是不同環境與不同反應的產物，不同環境是指正式與非正式環境，不同反應是指言辭與非言辭反應。事實上，每一種資料蒐集方法都各有其優劣。例如，只有觀察行為結果，便容易忽略動機原因。只依據言辭說明，便容易忽略非言辭行為。也就是資料蒐集與使用方法，會直接地影響研究發現。因此，如果可以不同資料蒐集方法獲得一致性答案，那麼研究發現的效度可以得到更大信任。例如，採用結構化問卷也搭配深度訪談和田野調查。除了資料交叉驗證之外，交叉驗證的內涵也包括，利用一種以上的理論、方法或研究者。例如，理論交叉驗證是指，對於相同資料進行不同觀點或理論探討。方法交叉驗證是指，利用不同研究方法來研究相同現象。研究者交叉驗證是指，兩位以上的研究者同時進行相同研究。總的來說，交叉驗證可以超越採取單一方法論的可能困境，又稱為三角驗證。

詞語構成的艾菲爾鐵塔

99 IMRD
introduction, method, results, discussion

科學論文普遍化架構

科學論文基本上由 IMRD 所架構出來，包括緒論（introduction）、研究方法（method）、研究結果（results）與討論（discussion），若是加上文前摘要（abstract）與文末參考文獻（references），就會形成完整的科學論文結構，即使是篇幅較小的期刊論文，通常也都採用 IMRD 格式。總的來說，科學論文的基本架構如下：

摘要 → **I** 緒論 → **M** 研究方法 → **R** 研究結果 → **D** 討論 → 參考文獻

上述架構依照邏輯先後順序。首先，緒論說明研究的脈絡與動機。其次，介紹研究採取的方法工具。緊接著，明確地描述研究觀察發現。最後，以推論與討論進行總結。儘管如此，一流的科學不應該只是將上述架構，視為是研究的機械式藍圖，而是應該視為是一個連續動態的解謎過程。質言之，IMRD 可以用來公開揭示任何已經完成的科學論文，在建構的過程中，其間所需面對的任何困境與不確定性痕跡，藉此提供一個科學研究可能的模仿出路。

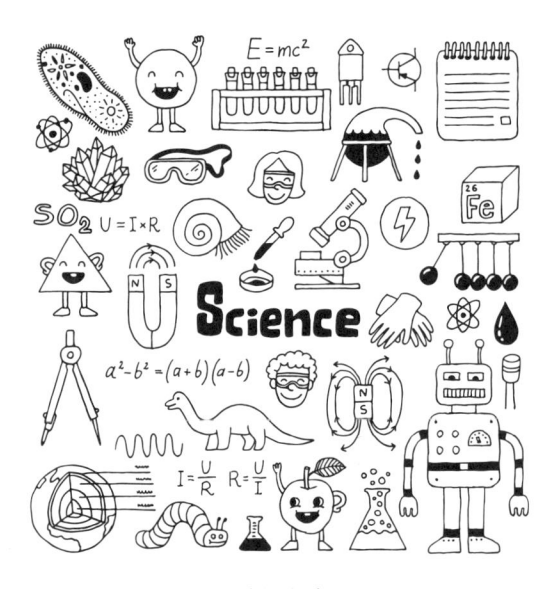

科學塗鴉

100 / 科學
science

指涉特定的方法論

並非指涉任何特定知識或研究對象，而是強調方法與準則。質言之，科學只統一於其方法，而非其研究素材。經由科學獲得的知識是明確且經得起檢驗，尤其不能與任何適用的已知事實發生矛盾。科學不同於空泛哲學，它強調預測的具體性和否證性。科學也不尋求絕對無誤的真理，而是在現有基礎上探索接近真理。因此，科學是一個長期對於知識偏誤的糾正過程。總的來說，科學強調對於理論保持懷疑，關鍵的三個特徵包括：客觀性，一切以客觀事實的觀察為基礎，拒絕缺乏證據的空談，拒絕神怪假說而只憑理性來解釋世界。可否證，儘管無法得知理論是否一定正確，但是若存在錯誤也可明確證明其錯誤。普遍性，儘管未必可以放諸四海皆準，但是可以解釋其適用範圍內的所有已知事實。若其適用範圍內存在任何無法解釋的反例，則證明此項理論為誤。

延伸閱讀

Agnew, Neil M., and Sandra W. Pyke. *The Science Game: An Introduction to Research in the Behavioral Sciences*. 6th ed. Englewood Cliffs, N. J.: Prentice-Hall, 1994.

Boulding, Kenneth E. Science: *Our Common Heritage. Science*, 207, 831-836, 1980.

Chava Frankfort-Nachmias, David Nachmias, Jack DeWaard. *Research Methods in the Social Sciences 8th Edition*. New York: Worth Publishers, 2014.

Cohen, I. Bernard. *Revolution in Science*. Cambridge, Mass.: Belknap Press, 1985.

Fiske, Donald W., and Richard A. Shweder, eds. *Metatheory in Social Science: Plural-isms and Subjectivities*. Chicago: University of Chicago Press, 1986.

Gary King, Robert O. Keohane, & Sidney Verba. *Designing Social Inquiry Scientific Inference in Qualitative Research*. New Jersey: Princeton University Press, 1994.

Hughes, John A. *A Philosophy of Social Research*. White Plains, N.Y: Longman, 1980.

Keywords in Wikipedia, *the free encyclopedia*. Retrieved Sep. 9, 2017, from http://en.wikipedia.org/wiki/Wikipedia

Kruskal, William H., ed. *The Social Sciences: Their Nature and Uses*. Chicago: University of Chicago Press, 1986.

Lakatos, Irme. *The Methodology of Scientific Research Programs*. Cambridge: Cambridge University Press, 1978.

O'Hear, Anthony. *An Introduction to the Philosophy of Science*. New York: Oxford University Press, 1989.

Popper, Karl R. In W. W. Bartley, III, ed. *Realism and the Aim of Science*. Lanham, MD: Rowman & Littlefield, 1983.

Scheffler, Israel. *Science and Subjectivity*. 2d ed. Indianapolis: Hackett, 1982.

Taylor, Clharles. *Philosophy and the Human Sciences*. New York: Cambridge University Press, 1985.

Thomas S. Kuhn. *The Structure of Scientific Revolutions*. Chicago: University of Chicago Press, 1962.

陳智凱與邱詠婷（2018），《純碎物》。台北：東華書局。

潘明宏等（2003），《最新社會科學研究方法》。台北：韋伯文化。

可以異常，何必正常？方法論 100 關鍵詞 / 陳智凱, 邱詠婷著 . -- 1 版 . -- 臺北市 : 臺灣東華, 2018.05

216 面； 14.8x21 公分

ISBN 978-957-483-936-0（平裝）

1. 科學方法論

301.2　　　　　　　　　　　　107007121

可以異常，何必正常？方法論 100 關鍵詞

著　　　者	陳智凱、邱詠婷
發 行 人	陳錦煌
出 版 者	臺灣東華書局股份有限公司
地　　　址	臺北市重慶南路一段一四七號三樓
電　　　話	(02) 2311-4027
傳　　　眞	(02) 2311-6615
劃撥帳號	00064813
網　　　址	www.tunghua.com.tw
讀者服務	service@tunghua.com.tw
門　　　市	臺北市重慶南路一段一四七號一樓
電　　　話	(02) 2371-9320
出版日期	2018 年 6 月 1 版

ISBN　　978-957-483-936-0

版權所有 · 翻印必究　　圖片來源：http://cn.depositphotos.com/